電力システム
―基礎と改革―

新田目 倖造 [著]

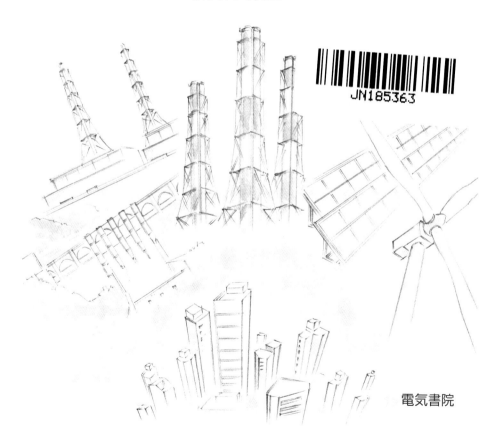

電気書院

まえがき

　最近の電力システムは大きな時代の転換点にさしかかっています．
　2011年3月11日の東日本大震災では，我が国観測史上最大級の巨大地震と津波に襲われ，東日本の太平洋岸の原子力，火力発電所と電力流通，需要設備は大きな被害を受けました．これを契機に日本の原子力発電所はこれまでの安全対策が抜本的に見直され，再稼働に向けて安全対策が進められています．原子力発電所の停止に伴って，火力発電所の焚増しによる燃料費の増加から，全国的に電気料金が値上げされました．東日本では他地域から最大限の電力応援融通を受電しても供給力が不足し，一部地域では計画停電が行われました．また，太陽光発電，風力発電などの分散型再生可能エネルギー発電の増強が加速されましたが，需要地から離れた地点に多いこれらの発電力の増加に伴って関連送電線の増強が必要となり，余剰電力の発生，電力系統の電圧変動，周波数変動なども問題となっています．
　電力システムは電力会社による従来の発電，送電，配電，小売の一貫運営体制に対して，1995年以降，欧米諸国と同様，発電事業や小売事業に対して，電力会社以外の事業者が自由に参加できる電力自由化が進められてきました．そして2013年，さらなる自由化による電力システムの改革を目指して電気事業法が改正されました．
　このような電力システムをめぐる環境条件の大きな変化に対して，需要家にできるだけ安定した安い電力を供給するためには，電力系統の基本的な特質を十分理解し，それをふまえてシステムを構築し運営する必要があります．周知のとおり，電力システムは毎瞬時の発電と消費を等量にコントロールする必要があります．この需給バランスが崩れたり，ある限度以上の電力を送電すると，周波数変動や電圧変動を引き起こして安定な運転ができなくなります．しかし，そのメカニズムはかなり複雑で，これを理解するためには専門的な知識が必要となります．
　本書では，電力システムの基本的な特性とこれまでの成長過程を，できるだけ専門的な予備知識なしに理解できるように，また，実系統の定量的な

イメージが把握できるように解説してみました．第Ⅰ編では，電力システムの基本特性として，電力回路の基礎，電力系統の安定度，周波数，電圧，連系などの特性について，極力簡単な数式で直観的なイメージを把握できるよう配慮しました．第Ⅱ編では，電力システムのしくみについて，電力システムの構成，電力供給力の算定方法，電力需要と発電設備，電力流通システムの推移について解説しました．

　第Ⅲ編では，近年の電力システムの自由化について，欧米の実績と問題点，日本の自由化の進展と今後の課題についてまとめてみました．なお，第Ⅰ編は基礎的，専門的内容が多いので，第Ⅱ編，第Ⅲ編からお読みいただいても結構です．

　本書が少しでも皆様の電力システムのご理解にお役に立つことができれば幸です．

2015年2月

著者

もくじ

第Ⅰ編　電力システムの基本特性

第1章　電力回路の基礎

要　旨 — 3
1・1　電圧と電流 — 4
1・2　直流と交流 — 5
　(1)　直流 — 5
　(2)　交流 — 6
　(3)　交流電圧，電流の実効値 — 6
1・3　抵抗の電流 — 8
1・4　リアクトルとコンデンサの電流 — 10
　(1)　リアクトルの電流 — 10
　(2)　コンデンサの電流 — 12
　(3)　無効電力の符号 — 13
1・5　電力と無効電力 — 14
1・6　三相交流送電方式 — 17
1・7　単位法表示 — 20
　(1)　電圧 — 20
　(2)　電力，無効電力 — 20
　(3)　電流 — 21
　(4)　抵抗，リアクタンス — 22
付録1　三角関数の基礎 — 22

第2章　電力系統の安定度特性

要　旨 — 25
2・1　同期発電機の構成 — 26

- 2・2 一機無限大系統の安定度 ———————————— 28
  - (1) 電力と相差角 ………………………………… 28
  - (2) 安定限界 ……………………………………… 31
  - (3) 安定度モデル ………………………………… 32
  - (4) 安定限界送電容量 …………………………… 33
- 2・3 多機系統の安定度 ———————————————— 35
  - (1) 同期運転 ……………………………………… 35
  - (2) 同期外れ（脱調）の防止 …………………… 36
- 付録2 同期発電機の原理 ———————————————— 37
  - (1) 電流による磁束の発生 ……………………… 37
  - (2) 磁束の変化による電圧の発生 ……………… 38
  - (3) 同期発電機の誘起電圧 ……………………… 39
  - (4) 三相同期発電機の原理 ……………………… 40
  - (5) 同期発電機の回転数 ………………………… 43
  - (6) 一機無限大系統の安定限界 ………………… 45
  - (7) 一機無限大系統の安定度モデル …………… 46

第3章　電力系統の周波数特性

- 要　　旨 ———————————————————————————— 49
- 3・1 周波数制御の目標 ———————————————— 50
  - (1) 周波数変動による影響 ……………………… 50
  - (2) 周波数制御の目標値 ………………………… 50
- 3・2 電力系統の周波数特性 —————————————— 52
  - (1) 負荷の周波数特性 …………………………… 52
  - (2) 発電機の周波数特性 ………………………… 53
  - (3) 電力系統の周波数特性 ……………………… 56
- 3・3 常時の周波数制御 ———————————————— 58
  - (1) 電力系統の負荷変動 ………………………… 58
  - (2) 周波数制御分担 ……………………………… 60
  - (3) 連系系統の負荷周波数制御 ………………… 62

3・4 緊急時の周波数制御 —— 64
　(1) 緊急時の系統周波数特性 …………… 64
　(2) 緊急時の周波数制御 …………… 64
付録3　系統容量と負荷変動率 —— 65

第4章　電力系統の電圧特性

要　旨 —— 69
4・1 電圧制御の目標 —— 70
　(1) 系統電圧変化の要因と影響 …………… 70
　(2) 電圧制御の目標と調整方法 …………… 70
4・2 送電線の電圧特性 —— 72
　(1) 送電線の電圧降下 …………… 72
　(2) 送電線の電圧特性 …………… 73
4・3 電圧安定性 —— 74
　(1) 電圧安定限界 …………… 74
　(2) 電圧安定化対策 …………… 77
4・4 無効電力バランス —— 78
付録4・1　送電線の電圧降下 —— 79
付録4・2　電圧安定性 —— 81
　(1) 受電電力と受電端電圧 …………… 81
　(2) 電圧安定限界 …………… 83
　(3) 電圧安定性と電圧電流ベクトル …………… 84

第5章　電力系統の連系特性

要　旨 —— 87
5・1 系統連系の得失 —— 88
　(1) 系統連系のメリット …………… 88
　(2) 系統連系の問題点 …………… 88
5・2 系統連系方法 —— 90
　(1) 交流連系 …………… 90

(2)　直流連系 ……………………………………………… 91
5・3　内外の系統連系 ──────────────────── 92
　　　(1)　日本の系統連系 ………………………………………… 92
　　　(2)　アメリカ，カナダの系統連系 ……………………… 93
　　　(3)　ヨーロッパの連系系統 ……………………………… 94
付録5・1　直流送電の基礎 ───────────────── 96
　　　(1)　直流送電系統の構成 ………………………………… 96
　　　(2)　直流送電の基本特性 ………………………………… 98
付録5・2　世界の代表的な直流送電 ──────────── 104

第Ⅱ編　電力システムのしくみと変遷

第6章　電力システムの構成

要　　旨 ───────────────────────── 107
6・1　電力システムの構成 ──────────────── 108
6・2　電力システムの特徴 ──────────────── 110
6・3　電気の供給体制 ───────────────── 111
　　　(1)　電気事業の特質 ……………………………………… 111
　　　(2)　電気の供給体制 ……………………………………… 112
　　　(3)　電力量の流れ ………………………………………… 114
付録6　電気事業関連用語 ─────────────── 116

第7章　電力供給計画の算定方法

要　　旨 ───────────────────────── 119
7・1　電力供給計画の算定方法 ───────────── 120
　　　(1)　電力供給計画の目的 ………………………………… 120
　　　(2)　長期供給計画の算定方法 …………………………… 121
7・2　主要電源の供給力 ──────────────── 123
　　　(1)　水力の供給力 ………………………………………… 123
　　　(2)　火力の供給力 ………………………………………… 124

  (3) 原子力の供給力 ………………………………… *125*

7・3 太陽光発電の供給力─────────── *126*
  (1) 太陽光発電の発電能力 ………………………… *126*
  (2) 太陽光発電の発電電力量 ……………………… *132*
  (3) 太陽光発電の供給力のまとめ ………………… *135*

7・4 風力発電の供給力──────────── *135*
  (1) 風力発電の発電能力 …………………………… *135*
  (2) 風力発電の発電電力量 ………………………… *141*
  (3) 風力発電の供給力のまとめ …………………… *143*

第8章 電力需要と発電設備

要 旨──────────────────── *145*

8・1 最大電力と日負荷曲線──────────── *146*
  (1) 最大電力の推移 ………………………………… *146*
  (2) 日負荷曲線と供給力の分担 …………………… *147*

8・2 発電設備の推移───────────── *149*
  (1) 原動力別発電設備 ……………………………… *149*
  (2) 電気事業者別発電設備 ………………………… *149*
  (3) 最大電力と発電設備の推移 …………………… *151*

8・3 発電電力量の推移──────────── *152*

8・4 発電設備の特性──────────── *155*
  (1) 発電機ユニット容量の推移 …………………… *155*
  (2) 負荷率と発電設備の利用率 …………………… *156*
  (3) 二酸化炭素(CO_2)排出量 ………………… *158*
  (4) 発電効率 ………………………………………… *158*

第9章 電力流通システム

要 旨──────────────────── *161*

9・1 電力系統の計画と運用─────────── *162*
  (1) 電力系統の計画の考え方 ……………………… *162*

(2)　電力系統の運用の考え方 ……………………… *164*
9・2　電線の電流容量────────────── *164*
　　　(1)　電線の経済的断面積（ケルビンの法則）……… *164*
　　　(2)　電線の断面積と電流容量 ……………………… *167*
9・3　送電線の送電容量────────────── *169*
　　　(1)　送電容量の決定要因 …………………………… *169*
　　　(2)　送電線の公称電圧の選定 ……………………… *169*
　　　(3)　電線の電流容量の選定 ………………………… *170*
　　　(4)　送電線の送電容量例 …………………………… *170*
9・4　配電モデル系統の最適構成──────────── *172*
9・5　電力流通設備の推移────────────── *174*
　　　(1)　送電電圧の推移 ………………………………… *174*
　　　(2)　変電所出力の推移 ……………………………… *175*
　　　(3)　送配電線延長の推移 …………………………… *178*
　　　(4)　電力供給系統の最適構成 ……………………… *180*
付録9・1　電線の断面積と電流容量 ───────── *181*
付録9・2　配電モデル系統の最適規模 ───────── *182*
　　　(1)　電力輸送量 ……………………………………… *182*
　　　(2)　年経費 …………………………………………… *183*
　　　(3)　配電用変電所の最適規模 ……………………… *184*
　　　(4)　配電系統の最適構成 …………………………… *185*

第Ⅲ編　電力システム改革と課題

第10章　欧米の電力システム自由化

要　　旨─────────────────────── *189*
10・1　電力システムの規制緩和の動向 ────────── *190*
　　　(1)　アメリカの動向 ………………………………… *190*
　　　(2)　欧州の動向 ……………………………………… *191*
10・2　アメリカの電力自由化 ─────────────── *193*

(1)	アメリカの電気事業	193
(2)	電力自由化の経緯	193
(3)	電力自由化と供給信頼度	196

10・3 イギリスの電力自由化 ———— 198
 (1) イギリスの電気事業 … 198
 (2) イギリスの電力自由化 … 199

10・4 フランスの電力自由化 ———— 200
 (1) フランスの電気事業 … 200
 (2) フランスの電力自由化 … 201

10・5 ドイツの電力自由化 ———— 202
 (1) ドイツの電気事業 … 202
 (2) ドイツの電力自由化 … 203

第11章　電力システム改革と課題

要　　旨 ———— 205

11・1 日本の電気事業の変遷 ———— 206
 (1) 電気事業の創成と成長 … 206
 (2) 電気事業の国家管理 … 207
 (3) 9電力会社による発送電一貫体制 … 207
 (4) 電力自由化 … 208
 (5) 送配電線の開放 … 209
 (6) 主要国の電気事業体制の変遷 … 209

11・2 電力システム改革計画 ———— 211
 (1) 電力システム改革の背景と目的 … 211
 (2) 改革の目的 … 211
 (3) 改革の柱 … 211

11・3 電気事業の規制と自由化 ———— 214
 (1) 従来の電気事業規制 … 214
 (2) 電気事業の自由化 … 215
 (3) 欧米の電力自由化の問題点 … 217

(4) 今後の電力自由化の課題 ……………………………… 219

あとがき ——————————————————————— 223
参考文献 ——————————————————————— 225
さくいん ——————————————————————— 229

第 I 編

電力システムの基本特性

第1章

電力回路の基礎

要　旨

- 電力系統の電圧，電流は，その方向が1秒間に，東日本では50回，西日本では60回変化する交流です．この1秒間に変化する回数は，周波数と呼ばれています．

- 電熱器や電球のような抵抗負荷に交流電圧をかけると，電流の方向も1秒間に50または60回変化します．電圧が最大の時点で電流も最大となり，電力は常に電源から負荷の方向に流れます．これは有効電力または単に電力と呼ばれます．

- コイルなどのリアクトルやコンデンサに交流電圧をかけると，電流の方向も1秒間に50または60回変化しますが，電流の最大時点は電圧の最大時点からずれます．このために電力は電源から負荷に向かって流れたり，負荷から電源に向かって流れたりして，電源から負荷に向かって流れる電力は，時間的に平均するとゼロとなります．リアクトルやコンデンサに流れるこのような電力は無効電力と呼ばれます．

- 無効電力は，動力や熱などのエネルギーを運ばず，直接的なエネルギー利用の面からは「無効な電力」です．しかし，電気利用設備，変圧器，送電線，配電線など電力系統のいろいろな部分で無効電力が消費されており，これを十分に供給できない

と，電圧低下などを引き起こして電力系統を安定に運転できません．したがって無効電力は電力エネルギーの流れを支える潤滑油のような，電力系統の安定運転上きわめて重要な役割を担っています．

◆　一般の送電線には三相交流送電方式が採用されています．これは3本の電線に位相の異なった三相交流電流を流すもので，電線1本当たりの送電電力が多く，効率的な送電ができます．

1・1　電圧と電流

図1・1(1)で，電池の＋極と－極の電圧は1.5Vで，この間に電球などの電気抵抗（以下，抵抗という）をつなぐと，＋極から－極に電流が流れ，電球を点灯する電気的な仕事ができます．電圧は電位の差で，電位は通常大地を基準とする電気的な高さです．＋極は－極より電位が1.5V高く，その間の電圧は1.5Vです．抵抗の電流は電位の高い点から低い点に向かって流れます．

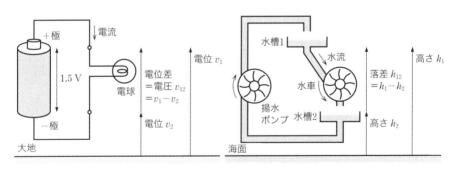

(1)　電圧と電流　　　　　　　(2)　落差と水流

図1・1　電流と水流の比較

これは同図(2)の落差と水流の関係と似ています．水槽1と2の間には落差（高さの差で，電圧に相当）があり，この間を水路でつなぐと，高い水槽1から低い水槽2に向かって水流（電流に相当）が流れ，水車を回すような機械的な仕事ができます．電流と水流は表1・1のように対比して考えられ

表1・1 電流と水流の比較

電気の流れ		水の流れ	
電流〔A〕	電気の流れ 電流〔A〕＝1秒間に流れる電気量〔C/s〕 C(クーロン)：電気量の単位	水流	水の流れ 使用水量＝1秒間に流れる水量〔m³/s〕
電位〔V〕	大地を基準にした電気的高さ	高さ(標高)〔m〕	海面を基準とした高さ
電圧(電位差)〔V〕	電位の差	落差(標高差)〔m〕	高さの差
電力〔W〕	1秒間に生産または消費するエネルギー ＝電圧〔V〕×電流〔A〕	電力〔W〕	1秒間に生産または消費するエネルギー ＝9.8×落差〔m〕×水量〔m³/s〕[※1]

〈※1〉 エネルギー損失のない水車発電機の発電電力，9.8は重力の加速度

ます．

1・2 直流と交流

(1) 直流

電池の電圧は常に大きさが一定で＋極が－極より電位が高く，その間をつなぐ抵抗に流れる電流も大きさが一定で＋極から－極に流れます．このように大きさと方向が一定な電圧や電流は直流と呼ばれます（図1・2）．

電力系統では，直流は交流のように変圧器によって容易に電圧を変えることはできませんが，交流系統のような安定度の問題がなく，長距離大電力送電線や海底ケーブル，周波数の異なった系統間の連系などに使われています．

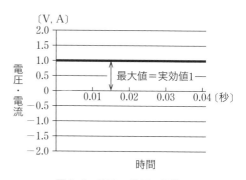

図1・2 直流の電圧，電流

(2) 交　　流

　これに対して，電力会社から供給される電気は，電圧と電流が正弦波と呼ばれる同一の波形で繰り返し変動する交流です（図1・3）．1秒間に繰り返す数は周波数と呼ばれ，Hz（ヘルツ）で測られます．東日本は50 Hz，西日本は60 Hzの電気が供給されていま

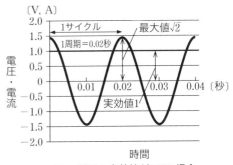

図1・3　交流の電圧，電流

す．また，ヨーロッパは50 Hz，アメリカは60 Hz，その他，国によって50または60 Hzが採用されています．

　波形のある位置から次に同じ位置に戻って1波形を完了することはサイクル，1サイクルの時間は周期と呼ばれます．周波数f〔Hz〕と周期T〔s〕の間には次の関係があります．

$$T = \frac{1}{f} \text{〔s〕} \tag{1・1}$$

　50 Hzの周期は1/50＝0.02秒，60 Hzでは1/60≒0.017秒です．

　交流は，変圧器によって容易に電圧を変えることができ，また，回転磁界をつくって電動機に利用できるので，電力系統に広く使われています．

(3)　交流電圧，電流の実効値

　交流電圧vの時間的変化（瞬時値）は，電圧が最大となる時点を基準にとれば，次のように表されます．

$$v = V_m \cos \omega t \text{〔V〕} \tag{1・2}$$

　ここに，V_m：電圧の最大値（V）[※1]，cos：三角関数の余弦関数，ω（オメガ）：角速度，1秒間に回転する角度（$=360f$〔°/s〕），f：周波数（1/s），t：時間（s，秒）

※1　v, iなどの小文字は1サイクル間に変化する量，V, Iなどの大文字は変化しない量を表します．

v^2の1周期間の平均値の平方根は，実効値と呼ばれます．電圧vの実効値Vは，

$$V = \sqrt{v^2\text{の平均値}} \quad [\text{V}] \tag{1・3}$$

電圧vの2乗は，

$$v^2 = (V_m \cos \omega t)^2 = \frac{V_m^2}{2} + \frac{V_m^2}{2}\cos 2\omega t \quad \text{※2} \tag{1・4}$$

この最後の辺を1周期間平均すると，第2項$=(V_m^2/2)\cos 2\omega t$の平均は$=0$となり，第1項だけが残るから，

$$v^2\text{の平均値} = \frac{V_m^2}{2}$$

電圧の実効値Vは次のようになります．

$$V = \frac{V_m}{\sqrt{2}} \tag{1・5}$$

図1・4は，$V=2\,\text{V}$，$V_m = 2\sqrt{2}\,\text{V}$の場合で，$v^2$の平均値は$4\,V^2$，$V=\sqrt{4}=2=V_m/\sqrt{2}$〔V〕となっています．

電流についても同様に，最大値I_mと実効値Iの間には，$I_m = \sqrt{2}\,I$の関係があります．

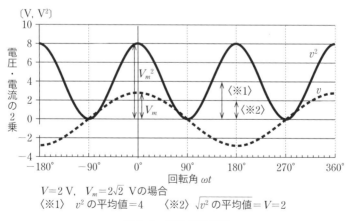

$V=2\,\text{V}$，$V_m=2\sqrt{2}\,\text{V}$の場合
〈※1〉 v^2の平均値$=4$　　〈※2〉 $\sqrt{v^2\text{の平均値}} = V = 2$

図1・4 電圧の実効値

※2　公式　$\cos^2\alpha = (1+\cos 2\alpha)/2$で，$\alpha = \omega t$とします．

1・3 抵抗の電流

図1・5のように，電熱器のような抵抗負荷R〔Ω〕に，電源Gから交流電圧$v=\sqrt{2}\,V\cos\omega t$〔V〕をかけたときに流れる電流$i_R$は次のようになります．

$$i_R = \sqrt{2}\,I_R \cos\omega t \,\text{〔A〕} \tag{1・6}$$

ここに，I_R：電流の実効値（$=V/R$〔A〕），R：負荷の抵抗値〔Ω〕

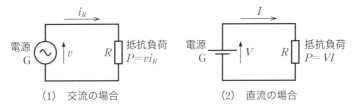

図1・5　抵抗の電流

図1・6は，電圧$V=2\,\text{V}$，電流$I_R=1\,\text{A}$の例です．横軸は1周期を回転角度で360°と表しており，発電機の回転角に相当します．電力系統に主に使われている同期発電機[※3]の回転子は，1周期に1回，360°回転し，この間に

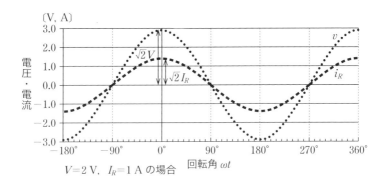

図1・6　抵抗電流（有効分電流）

※3　火力発電機のような2極機の場合，多極機でも電気角で測れば回転子は1周期に360°回転します．

発電機の電圧は1サイクル変化します．

電流i_Rは電圧vが最大となった時点に最大となっており，両者の位相[※4]は一致しています．

負荷に供給される電力の瞬時値pは，

$$p = vi_R = (\sqrt{2}\,V\cos\omega t)(\sqrt{2}\,I_R\cos\omega t) = 2VI_R\cos^2\omega t$$
$$= VI_R + (VI_R)\cos 2\omega t \quad ^{※2}\,[\text{W}] \qquad (1\cdot 7)$$

これは図1・7のようになります．(1・7)式の最後の辺の第1項VI_Rは，GからRへ流れる電力の1周期間の平均値です．第2項$(VI_R)\cos 2\omega t$は，①，③，⑤…の部分の電力はGからRへ流れ，②，④，⑥，…の部分ではこれと等量の電力がRからGへ流れます．結局GとRの間を往復する電力で，時間的な平均値はゼロとなります．

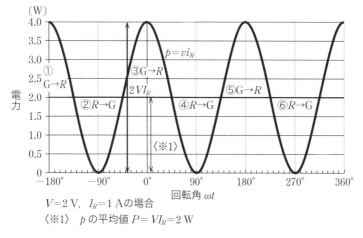

$V=2\,\text{V}$，$I_R=1\,\text{A}$の場合
〈※1〉 pの平均値 $P=VI_R=2\,\text{W}$

図1・7 抵抗の電力

pの平均値VI_Rは，負荷に供給される電力P（有効電力，一般には単に電力と呼ばれます），i_Rは電圧と同位相の電流で，有効分電流と呼ばれます．抵抗の消費電力Pは，

※4 位相は，ある任意の起点に対する波形の相対的位置を示します．

$$P = VI_R = \frac{V^2}{R} \text{ [W]} \tag{1・8}$$

これは，図1・5(2)の直流回路で，R〔Ω〕の抵抗に，V〔V〕の電圧をかけたときに消費される電力

$$P = VI = \frac{V^2}{R} \tag{1・9}$$

と等しくなります．直流は実効値＝瞬時値です．交流も実効値を使えば，周波数に関係なく直流と同様に，電圧と電流の積として電力が求められます．

1・4　リアクトルとコンデンサの電流

(1)　リアクトルの電流

図1・8(1)のように，コイルなどのリアクトルLに，交流電圧 $v = \sqrt{2}\,V\cos\omega t$〔V〕をかけたとき，リアクトルには次のような電流 i_L が流れます（図1・9）．

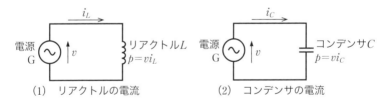

図1・8　無効分電流

$$i_L = \sqrt{2}\,I_L \cos(\omega t - 90°) \text{ [A]} \tag{1・10}$$

ここに，I_L：i_Lの実効値（$= V/X_L$〔A〕），X_L：リアクトルのリアクタンス（電圧と電流の比を表す係数，Ω）

i_Lの位相は電圧vより$90°$遅れています．
リアクトルに供給される瞬時電力pは，

$$p = vi_L = (\sqrt{2}\,V)(\sqrt{2}\,I_L)\cos\omega t \cos(\omega t - 90°)$$

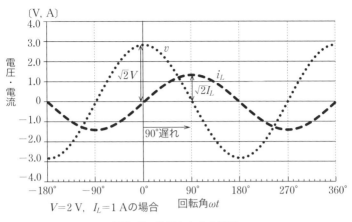

$V=2$ V, $I_L=1$ A の場合

図1・9 リアクトルの電流

$$= 2VI_L \cos \omega t \sin \omega t \quad ※5$$
$$= VI_L \sin 2\omega t \quad ※6 \text{[W]} \tag{1・11}$$

これは図1・10のように，①，③，⑤，…の期間は電力はG→Lに，②，④，⑥，…の期間はこれと等量の電力が逆向きのL→Gに流れます．これはG，L間を往復する等量の電力で，1周期間の平均値はゼロとなります．

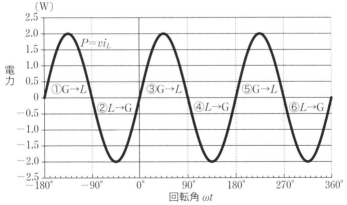

$V=2$ V, $I_L=1$ A の場合，p の平均値 $P=0$
$Q_L=2$ var

図1・10 リアクトルの電力

※5　公式　$\cos(\omega t - 90°) = \sin \omega t$ より
※6　公式　$2 \cos \omega t \sin \omega t = \sin 2\omega t$ より

結局,リアクトルに供給される平均的な電力はゼロとなるので,流れる電流は無効分電流,電圧の実効値 V と無効電流の実効値 I_L の積は無効電力と呼ばれます.リアクトルの無効電力 Q_L は,

$$Q_L = VI_L \text{ [var]} \tag{1・12}$$

(2) コンデンサの電流

図1・8(2)のように,コンデンサ C に電圧 $v=\sqrt{2}\,V\cos\omega t$ 〔V〕をかけたときには,次のような電流 i_C が流れます(図1・11).

$$i_C = \sqrt{2}\,I_C \cos(\omega t + 90°) \text{ [A]} \tag{1・13}$$

ここに,I_C:i_C の実効値($=V/X_C$〔A〕),$X_C=$ コンデンサのリアクタンス(電圧と電流に比を表す係数,Ω)

i_C の位相は電圧 v より90°進んでおり,リアクトルの電流と反対符号となっています.

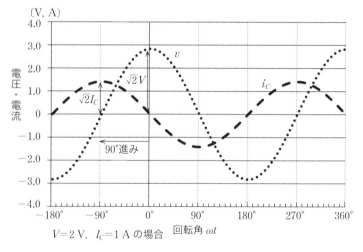

図1・11 コンデンサの電流

コンデンサに供給される瞬時電力 p は,

$$\begin{aligned} p = vi_C &= (\sqrt{2}\,V)(\sqrt{2}\,I_C)\cos\omega t \cos(\omega t + 90°) \\ &= -2VI_C \cos\omega t \sin\omega t \quad ※7 \\ &= -VI_C \sin 2\omega t \text{ [W]} \end{aligned} \tag{1・14}$$

※7 公式 $\cos(\omega t + 90°) = -\sin\omega t$

これは図1・12のように，①，③，⑤，…の期間の電力はG→Cに，②，④，…の期間はこれと等量の電力がC→Gと逆向きに流れ，G，C間を流れる電力の1周期間の平均値はゼロとなります．

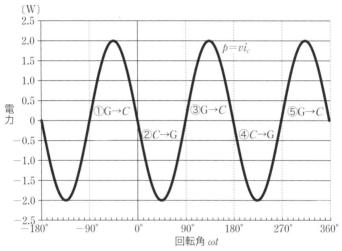

$V = 2$ V，$I_C = 1$ A の場合，p の平均値 $P = 0$
$Q_C = 2$ var

図1・12 コンデンサの電力

これはリアクトルの電流と同様，無効分電流と呼ばれ，電圧の実効値 V と無効分電流の実効値 I_C の積は無効電力と呼ばれます．コンデンサの無効電力 Q_C は，

$$Q_C = VI_C \text{ [var]} \tag{1・15}$$

(3) 無効電力の符号

リアクトルの電流とコンデンサの電流は逆符号になっているから，無効電力の符号も逆になります．しかし，無効電力に符号を付けるのはまぎらわしいので，通常はリアクトルの消費する無効電力は正で $Q_L > 0$ とし，コンデンサは正の無効電力 $Q_C (>0)$ を発生する（負の無効電力を消費する）と考えています（図1・13）．

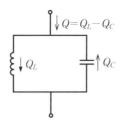

図1・13 無効電力の符号

　これは，通常の負荷は（正の）無効電力を消費するから，コンデンサを設置してコンデンサからその無効電力の一部を供給して，電力系統から受電する無効電力を軽減して電力流通設備の利用効率を高める，すなわち負荷の力率を改善する（力率をより大きくする）考え方と一致しています．

1・5　電力と無効電力

　負荷に電圧 $v = V_m \cos \omega t$ をかけたときに流れる電流 i は，次のように表されます．

$$i = I_m \cos(\omega t - \theta) \ \text{[A]} \tag{1・16}$$

　これは v より位相角が θ 〔°〕遅れており，v が $t=0$ で最大値をとるのに対して，i は $\omega t = \theta$ 〔°〕，$t = \theta/\omega$ 〔s〕後に最大値をとります．

　図1・14のように電圧の瞬時値 v は，電圧ベクトル[※8] $\vec{V_m} = \vec{OA}$ が反時計方向に毎秒 f 回転するときの，直線 LOL′ に対する射影の長さに等しくなります．また，電流の瞬時値 i は，電圧ベクトル $\vec{V_m} = \vec{OA}$ より θ 〔°〕遅れた電流ベクトル $\vec{I_m} = \vec{OC}$ が，毎秒 f 回転するときの，直線 LOL′ に対する射影の長さに等しくなっています．

　i は次のように書き換えられ，有効分 i_p と，無効分 i_q に分けられます[※9]．

※8　ベクトルは大きさと方向をもつ量．通常の電圧ベクトルは長さを実効値にとるが，ここでは最大値にとり，$\vec{V_m} = \vec{OA}$ のように→を付けて表します．

※9　公式　$\cos(\alpha - \beta) = \cos \alpha \cos \beta + \sin \alpha \sin \beta$ で，$\alpha = \omega t$，$\beta = \theta$ とします．

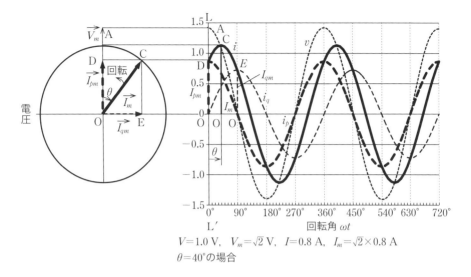

$V = 1.0$ V, $V_m = \sqrt{2}$ V, $I = 0.8$ A, $I_m = \sqrt{2} \times 0.8$ A
$\theta = 40°$の場合

図1・14 有効分電流と無効分電流

$$i = I_m \cos\theta \cos\omega t + I_m \sin\theta \sin\omega t \tag{1・17}$$
$$= i_p + i_q \,\mathrm{(A)}$$

ここに,$i_p = I_{pm}\cos\omega t$:有効分電流(電圧と同位相),$i_q = I_{qm}\sin\omega t$:無効分電流(電圧より90°位相遅れ) $I_{pm} = I_m\cos\theta$:有効分電流の最大値,$I_{qm} = I_m\sin\theta$:無効分電流の最大値

図1・14では,$\overrightarrow{I_m}$は,電圧vと同相分の$\overrightarrow{I_{pm}} = \overrightarrow{OD}$と,$v$より90°位相が遅れた$\overrightarrow{I_{qm}} = \overrightarrow{OE}$に分けることができ,瞬時値$i_p$,$i_q$は$\overrightarrow{I_{pm}}$,$\overrightarrow{I_{qm}}$が毎秒$f$回転するときの,直線LOL′に対する射影にそれぞれ等しくなっています.

負荷に供給される電力の瞬時値pは,有効分電力vi_pと無効分電力vi_qに分けられます.

$$p = vi = vi_p + vi_q \,\mathrm{(W)} \tag{1・18}$$

① 有効分電力の瞬時値vi_pの1サイクルの平均値は電圧の実効値Vと有効分電流の実効値I_pの積VI_pに等しく,有効電力(または単に電力)と呼ばれます.電力Pは,

$$P = VI_p = VI\cos\theta \,\mathrm{(W)} \tag{1・19}$$

② 無効分電力の瞬時値vi_qの平均値はゼロとなります.電圧の実効値Vと

無効分電流の実効値I_qの積VI_qは無効電力と呼ばれます．無効電力Qは，

$$Q = VI_q = VI\sin\theta \text{ (var)} \tag{1・20}$$

電力は，電力利用設備において，動力，熱などのエネルギーに変換される電気エネルギーです．

無効電力は，電力エネルギー利用面の直接的な効果はないので，その面からは「無効な電力」です．しかし，電力利用設備に内蔵されるコイルや，変圧器，送電線，配電線などの電力流通システムでは多くの無効電力が消費されており，これを十分に供給できないと，電圧低下などによって電力系統が安定に運転できないので，無効電力は電力系統できわめて重要な役割を担っています．

電圧と電流の実効値の積は皮相電力と呼ばれます．皮相電力Sは電力機器の大きさを表し，単位は〔V・A〕です．

$$S = VI = \sqrt{P^2 + Q^2} \text{ (V・A)} \tag{1・21}$$

電力Pと皮相電力Sの比は力率と呼ばれます．

$$力率 = \frac{P}{S} = \cos\theta \tag{1・22}$$

ここに，θ：力率角

これらをまとめると表1・2，図1・15となります．

表1・2　電力と無効電力

名　称	定　義	単　位
電　力	$P = VI_p = VI\cos\theta$	W
無効電力	$Q = VI_q = VI\sin\theta$	var
皮相電力	$S = VI$	V・A
力　率	$\dfrac{P}{S} = \cos\theta$	なし(※1)

〈※1〉　力率を100倍して％で表すこともあります．

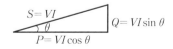

図1・15　電力と無効電力の関係

1・6 三相交流送電方式

三相交流送電は，3本の電線を用いて1回線を構成して送電する方式[※10]で，電力系統のほとんどの送電線に使われています．

図1・16のように，三相交流電圧v_a，v_b，v_cは，最大値が等しくV_mで，位相が120°ずつ遅れた電圧です．これは，長さが等しくV_mで，方向が120°ずつ遅れた三相のベクトル$\overrightarrow{oa}$，$\overrightarrow{ob}$，$\overrightarrow{oc}$が，毎秒f回反時計向きに回転するときに，直線LOL′に対する射影の長さに等しくなっています．

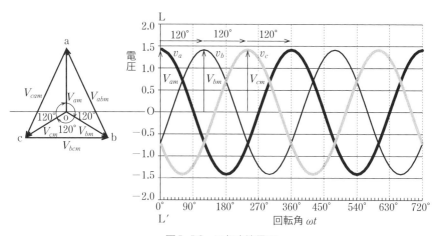

図1・16 三相交流電圧

三相電圧v_a，v_b，v_cを，

$$\left.\begin{array}{l} v_a = V_m \cos \omega t \\ v_b = V_m \cos(\omega t - 120°) \\ v_c = V_m \cos(\omega t - 240°) \end{array}\right\} \quad (1\cdot23)$$

とすると，この合計は次のようにゼロとなります．

※10 超高圧送電線は1相当たり複数の電線を使用する複導体方式としているが，その他の多くの送電線は1相当たり1本の電線を使用する単導体方式としています．正確には3群の電線を用いて送電する方式．

$$\begin{aligned}
v_a + v_b + v_c &= V_m[\cos\omega t + \{\cos\omega t \cos 120° + \sin\omega t \sin 120°\} \\
&\quad + \{\cos\omega t \cos 240° + \sin\omega t \sin 240°\}] \\
&= V_m\Bigl[\cos\omega t + \Bigl\{-\frac{1}{2}\cos\omega t + \frac{\sqrt{3}}{2}\sin\omega t\Bigr\} \\
&\quad + \Bigl\{-\frac{1}{2}\cos\omega t + \Bigl(-\frac{\sqrt{3}}{2}\Bigr)\sin\omega t\Bigr\}\Bigr] = 0 \tag{1·24}
\end{aligned}$$

ab線間電圧 v_{ab} は次のように，相電圧の $\sqrt{3}$ 倍となります．

$$\begin{aligned}
v_{ab} &= v_a - v_b = V_m \cos\omega t - V_m \cos(\omega t - 120°) \\
&= V_m\{\cos\omega t - (\cos\omega t \cos 120° + \sin\omega t \sin 120°)\} \\
&= V_m\Bigl\{\cos\omega t - \Bigl(-\frac{1}{2}\cos\omega t + \frac{\sqrt{3}}{2}\sin\omega t\Bigr)\Bigr\} \\
&= V_m\Bigl(\frac{3}{2}\cos\omega t - \frac{\sqrt{3}}{2}\sin\omega t\Bigr) \\
&= \sqrt{3}V_m\Bigl(\frac{\sqrt{3}}{2}\cos\omega t - \frac{1}{2}\sin\omega t\Bigr) \\
&= \sqrt{3}V_m(\cos 30° \cos\omega t - \sin 30° \sin\omega t) \\
&= \sqrt{3}V_m \cos(\omega t + 30°) \tag{1·25}
\end{aligned}$$

図 1·17 のように，三相交流電源から三相送電線を通して三相平衡負荷に電力を供給すると，三相平衡電流 i_a, i_b, i_c が流れ，電圧と同様最大値が等しく位相が 120° ずつ遅れています．したがってこれらの合計もゼロです．

$$i_a + i_b + i_c = 0$$

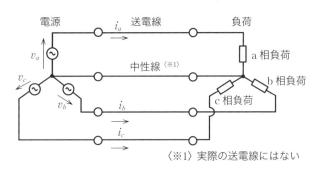

〈※1〉実際の送電線にはない

図 1·17　三相交流送電

したがって，同図の中性線には電流が流れず，中性線がなくても3本の電線だけで送電できます．これが三相交流送電方式です．

各相の電圧・電流は最大値（したがって実効値も）が等しく，位相が120°ずつ遅れているだけですから，各相の電力 P_1，無効電力 Q_1，皮相電力 S_1 は等しく，次のようになります．

$$\left.\begin{array}{l} P_1 = VI_p \,〔\mathrm{W}〕 \\ Q_1 = VI_q \,〔\mathrm{var}〕 \\ S_1 = VI \,〔\mathrm{V\cdot A}〕 \end{array}\right\} \quad (1\cdot 26)$$

ここに，V：各相電圧，I：各相電流，I_p：各相の有効分電流，I_q：各相の無効分電流（いずれも実効値）

線間電圧 $V_\triangle$ は，相電圧 V の $\sqrt{3}$ 倍．I_p，I_q は力率角 θ により次のように表せます．

$$\left.\begin{array}{l} V_\triangle = \sqrt{3}\,V \,〔\mathrm{V}〕 \\ I_p = I\cos\theta \,〔\mathrm{A}〕 \\ I_q = I\sin\theta \,〔\mathrm{A}〕 \end{array}\right\} \quad (1\cdot 27)$$

結局，三相の電力 P_3，無効電力 Q_3，皮相電力 S_3 は，各相分の3倍であるから，次のように表されます．

$$\left.\begin{array}{l} P_3 = 3VI_p = \sqrt{3}\,V_\triangle I\cos\theta \,〔\mathrm{W}〕 \\ Q_3 = 3VI_q = \sqrt{3}\,V_\triangle I\sin\theta \,〔\mathrm{var}〕 \\ S_3 = 3VI = \sqrt{P_3{}^2 + Q_3{}^2} \,〔\mathrm{V\cdot A}〕 \end{array}\right\} \quad (1\cdot 28)$$

単相送電線と三相送電線を比べると，線間電圧を等しくとった場合，表1・3のように，三相送電線は電線1本当たりの送電電力が単相送電線の約1.2倍となって経済的であり，また，電動機などの回転磁界を容易につくれることから，三相送電線が広く使用されています．

表1・3 単相と三相の送電電力

	単相送電線	三相送電線
送電線	a─────I_a→───● 　　　　V_{ab} b──────────●	a─────I_a→───● 　　V_{ca}　V_{ab} b─────I_b→───● 　　　　V_{bc} c─────I_c→───●
送電電力	$P_2 = V_\triangle I$	$P_3 = \sqrt{3} V_\triangle I$
電線1本当たり送電電力	$P_{2s} = \dfrac{P_2}{2} = 0.5 V_\triangle I$	$P_{3s} = \dfrac{P_3}{3} = 0.58 V_\triangle I$

〈※1〉　$V_\triangle$＝線間電圧, I＝相電流, 力率＝1の場合

1・7　単位法表示

単位法は，電力系統の電圧，電流，電力，無効電力，抵抗，リアクタンスなどを，ある基準値に対する倍数〔p.u.：パーユニット〕として表示する方法で，これによって電力系統の計算が簡単に行えます．パーセンテージ法は，単位法の数値を100倍して％（パーセント）値として表すものです．

(1)　電　　圧

線間電圧 $V_\triangle$〔V〕，相電圧 V〔V〕は，それぞれの基準値を $V_{\triangle BASE}$〔V〕, V_{BASE}〔V〕とすれば，単位法では次のように表されます．

$$\left.\begin{array}{l} V_\triangle \text{(p.u.)} = \dfrac{V_\triangle}{V_{\triangle BASE}} \\ V \text{(p.u.)} = \dfrac{V}{V_{BASE}} \end{array}\right\} \tag{1・29}$$

$V_\triangle = \sqrt{3}\, V$，$V_{\triangle BASE} = \sqrt{3}\, V_{BASE}$ であるから，単位法では線間電圧 $V_\triangle$〔p.u.〕と相電圧 V〔p.u.〕は等しくなります．

$$V_\triangle \text{(p.u.)} = V \text{(p.u.)} \tag{1・30}$$

(2)　電力，無効電力

三相電力 P_3〔W〕，三相無効電力 Q_3〔var〕，皮相電力 S_3〔V・A〕の単位法表示は，基準三相容量を W_3〔V・A〕とすれば，

$$P_3(\text{p.u.}) = \frac{P_3}{W_{3BASE}} \\ Q_3(\text{p.u.}) = \frac{Q_3}{W_{3BASE}} \\ S_3(\text{p.u.}) = \frac{S_3}{W_{3BASE}}\Biggr\} \quad (1\cdot31)$$

単相の電力 P_1 〔W〕,無効電力 Q_1 〔var〕,皮相電力 W_1 〔V・A〕は,基準単相容量を W_{1BASE} とすれば,

$$P_1(\text{p.u.}) = \frac{P_1}{W_{1BASE}} \\ Q_1(\text{p.u.}) = \frac{Q_1}{W_{1BASE}} \\ S_1(\text{p.u.}) = \frac{S_1}{W_{1BASE}}\Biggr\} \quad (1\cdot32)$$

$P_3 = 3P_1$, $Q_3 = 3Q_1$, $W_3 = 3W_1$ であるから,単位法では三相電力 P_3 と単相電力 P_1 は等しくなります.無効電力,皮相電力についても同様です.

$$P_1(\text{p.u.}) = P_3(\text{p.u.}) \\ Q_1(\text{p.u.}) = Q_3(\text{p.u.}) \\ S_1(\text{p.u.}) = S_3(\text{p.u.})\Biggr\} \quad (1\cdot33)$$

(3) 電　流

基準電流 I_{BASE} 〔A〕は,

$$I_{BASE} = \frac{W_{1BASE}\,〔\text{V}\cdot\text{A}〕}{V_{BASE}\,〔\text{V}〕} = \frac{\dfrac{W_{3BASE}}{3}\,〔\text{V}\cdot\text{A}〕}{\dfrac{V_{\triangle BASE}}{\sqrt{3}}\,〔\text{V}〕}$$

$$= \frac{W_{3BASE}\,〔\text{V}\cdot\text{A}〕}{\sqrt{3}\,V_{\triangle BASE}\,〔\text{V}〕}\,〔\text{A}〕 \quad (1\cdot34)$$

電流 I〔A〕の単位法表示は,

$$I(\text{p.u.}) = \frac{I\,〔\text{A}〕}{I_{BASE}\,〔\text{A}〕} \quad (1\cdot35)$$

(4) 抵抗, リアクタンス

基準抵抗 R_{BASE}〔Ω〕は,

$$R_{BASE} = \frac{V_{BASE}〔V〕}{I_{BASE}〔A〕} \tag{1・36}$$

抵抗の単位法表示は,

$$R〔\text{p.u.}〕 = \frac{R〔Ω〕}{R_{BASE}〔Ω〕} = \frac{I_{BASE}〔A〕R〔Ω〕}{V_{BASE}〔V〕} \tag{1・37}$$

リアクタンスの単位法表示 X〔p.u.〕についても同様に,

$$X_{BASE} = \frac{V_{BASE}〔V〕}{I_{BASE}〔A〕} \tag{1・38}$$

として,

$$X〔\text{p.u.}〕 = \frac{X〔Ω〕}{X_{BASE}〔Ω〕} = \frac{I_{BASE}〔A〕X〔Ω〕}{V_{BASE}〔V〕} \tag{1・39}$$

付録1　三角関数の基礎

付図1・1の直角三角形△OABで, 角度 θ の三角関数は次のように定義されます.

$$\text{余弦(コサイン)関数}: \cos\theta = \frac{X}{Z}$$

$$\text{正接(サイン)関数}: \sin\theta = \frac{Y}{Z}$$

ここに, 角度 θ〔°〕は, OX軸から反時計回りを正, 時計回りを負とします.

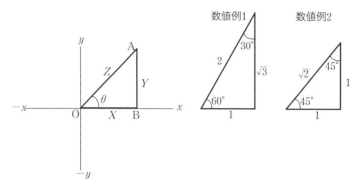

付図1・1 三角関数

これをグラフにすると付図1・2となります．$\sin\theta$ のグラフは $\cos\theta$ と同形で，90°右に移したものです．

三角関数に関する主な公式には次のようなものがあります．

$$\cos(-\theta) = \cos\theta$$
$$\sin(-\theta) = -\sin\theta$$
$$\cos(\theta + 90°) = -\sin\theta$$
$$\sin(\theta + 90°) = \cos\theta$$
$$\cos^2\theta + \sin^2\theta = 1$$
$$\cos(\theta_1 + \theta_2) = \cos\theta_1 \cos\theta_2 - \sin\theta_1 \sin\theta_2$$
$$\sin(\theta_1 + \theta_2) = \sin\theta_1 \cos\theta_2 + \cos\theta_1 \sin\theta_2$$
$$\cos 2\theta = \cos^2\theta - \sin^2\theta$$
$$\sin 2\theta = 2\sin\theta \cos\theta$$

よく使われる三角関数の値は次のとおりです．

$$\cos 60° = \frac{1}{2} \qquad\qquad \cos 30° = \frac{\sqrt{3}}{2}$$

$$\sin 60° = \frac{\sqrt{3}}{2} \qquad\qquad \sin 30° = \frac{1}{2}$$

$$\cos 45° = \sin 45° = \frac{1}{\sqrt{2}}$$

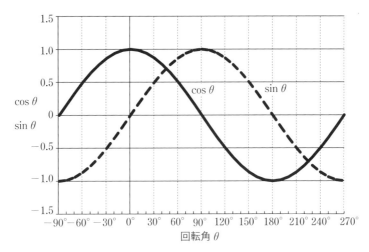

付図1・2 三角関数のグラフ例

第2章

電力系統の安定度特性

要　旨

- ◆ 発電所では，水力や火力（燃料）のエネルギーで原動機を回し，原動機で発電機を回して電気エネルギーを生産します．
- ◆ 電力系統で最も広く使われている同期発電機は，回転子と固定子から構成されています．回転子は原動機によって回される電磁石で，中空円筒形の固定子の中で，同期速度（火力発電機のような2極機の同期速度は，50 Hz系統では毎秒50回転，60 Hz系統では毎秒60回転）で回転しており，これによって固定子表面に巻かれた電機子コイルに50 Hzまたは60 Hzの交流電圧を誘起します．
- ◆ 電機子コイルに抵抗器や電動機などの負荷（電力を消費するもの）を接続すると，電機子コイルに負荷電流が流れます．すると固定子内面に回転子と同じ速度で同方向に回転する磁極ができ，回転子の磁極との間の磁力によって回転子を減速させる向きの力が働きます．その減速力に逆らって回転子を加速しようとするエネルギーが，原動機から回転子に供給されて，同期速度が維持されます．すなわち，電機子コイルから出ていく電気的エネルギー（出力）と原動機から軸を通して回転子に加えられる機械的エネルギー（入力）がバランスして，一定の同期

速度で回転しているわけです．

- ◆ 一つの電力系統に接続されている多くの同期発電機は，すべて同一の同期速度で回転しています．ある発電機の回転子が加速すると，ほかの発電機の電機子との間に電流が流れて，その発電機の回転子を減速させるような力が働きます．この力は，同期運転を維持する力という意味で同期化力と呼ばれます．同期化力は，ちょうど，各発電機の回転子どうしがスプリングで結ばれているような働きをします．

- ◆ ある発電機の入力エネルギーと出力エネルギーのバランスが崩れて，安定限界を超えると，同期運転ができず不安定となります．同期運転ができる度合いは系統安定度，同期安定度または単に安定度と呼ばれます．

- ◆ 遠隔地の発電所から長距離送電線で需要地に大電力を送電する場合，送電電力が安定限界を超えると不安定となることがあります．長距離送電線の安定限界電力は，およその目安として送電距離に反比例するから，送電距離が2倍になると安定限界送電容量はほぼ1/2となります．

- ◆ 電力系統は多数の発電機の安定運転が維持できるように，発電所と電力需要に応じた送電系統を構築する必要があります．

2・1 同期発電機の構成

同期発電機は図2・1のように，水力や蒸気力で駆動される原動機から，軸を通して回転力（トルク）として伝えられる機械的エネルギーを，電気的エネルギーに変換する装置です．

同期発電機は，回転子と固定子からなっています．回転子鉄心には，界磁コイルが巻かれており，これに直流の界磁電流を流して，回転子全体を回転磁石にします（付録2）．

図2・1は2極機の断面です．2極機は回転子にN極とS極の二つの磁極をもっており，50 Hz系統（以下この章では，50 Hzを主に，60 Hzは補足的

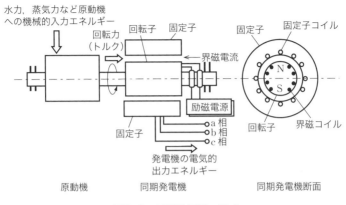

図2・1 同期発電機の構成

に説明します.）では，毎秒50回，毎分50×60＝3 000回転[※1]し，火力発電機に用いられています．原子力発電機はN極とS極をそれぞれ2個ずつもった4極機が用いられ，毎秒25回転，毎分1 500回転します[※2]．水力発電機などにはさらに極数が多く，回転数の少ない多極機が用いられていますが，原理的には2極機と同様なので，ここでは以下2極機について説明します．

固定子鉄心の内面の溝には，三相の電機子コイルが，a相→b相→c相の順に120°ずつずらして巻かれています（図2・2）．原動機によって回転子を毎秒50回転回すと，電機子コイルにはa相→b相→c相の順に120°ずつ位相が遅れて，毎秒50回変動する三相交流電圧e_a，e_b，e_cが誘起されます（図2・3）．この各相内部誘起電圧は，回転子のN極が各相の電機子コイルの直下を通過する時点に最大値となります．

a_1, a_2：a相コイル
b_1, b_2：b相コイル
c_1, c_2：c相コイル

図2・2 回転子と固定子の構成

※1　60 Hz系統では，毎秒60回転，毎分3 600回転．
※2　60 Hz系統では，毎秒30回転，毎分1 800回転．

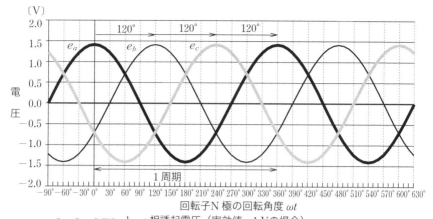

e_a, e_b, e_c ＝ a，b，c 相誘起電圧（実効値＝1Vの場合）

図2・3 同期発電機の内部誘起電圧

　回転子が1回転，360°回転する時間すなわち1周期は，1/50＝0.02秒です．また，1秒間に回転する角度すなわち角速度ω（オメガ）は，50Hz系統では360°×50＝18 000〔°/s〕です[※3]．t秒間にはωt〔°〕回転します．

2・2　一機無限大系統の安定度

(1)　電力と相差角

　ここでは1台の同期発電機が，その容量に比べて無限大とみなせるような大容量の電力系統（無限大系統）に連系されているときの安定限界について考えます．この場合，無限大系統は1台の大形同期電動機に見立てることができます．同期発電機が機械的エネルギーを電気的エネルギーに変換するのに対して，同期電動機は電気的エネルギーを機械的エネルギーに変換する点が異なるだけで，電気的特性は同期発電機と同様とみなすことができます．また，無限大系統は対象とする発電機に比べて，十分大きいため，発電機の出力や誘起電圧が変化しても，同期電動機（無限大系統）

※3　60Hz系統では，1サイクルは1/60＝0.017秒，ω＝360°×60＝21 600〔°/s〕．

の端子電圧や回転数（周波数）は全く変化しないものとみなせます．

図2・4(1)，図2・5(1)のように，発電機のa相の内部誘起電圧e_aの大きさ，位相，回転数（周波数）が，連系している大形同期電動機の内部誘起電圧e_{Ba}のそれらと全く等しければ，両者の回転子のN極の方向は一致しています．毎秒50回転する円板上に立ってみれば，両者のN極は静止して重なって見えます．この場合の両者の三相電機子電流i_a，i_b，i_cはゼロで，連系点には電流は流れていません．

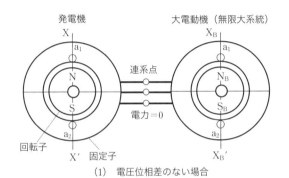

(1) 電圧位相差のない場合

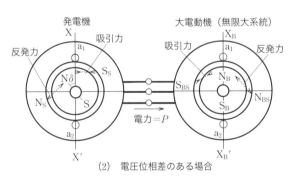

(2) 電圧位相差のある場合

図2・4 一機対無限大系統の連系

図2・4(2)のように，原動機で発電機の回転子を加速して，N極を大電動機のそれよりδ（デルタ）〔°〕進めたとすれば，図2・5(2)のようにa相誘起電圧e_aの位相は大形電動機のe_{Ba}よりδ〔°〕進みます．これによって両者の内部電圧に差が生じ，発電機から電動機に向けて電流が流れます．このときの両者の状況は次のとおりです．

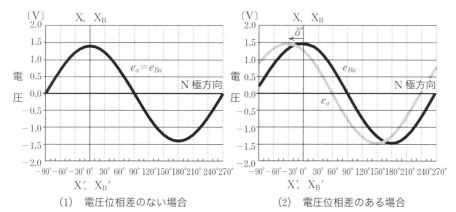

(1) 電圧位相差のない場合　　(2) 電圧位相差のある場合

図2・5　内部誘起電圧

a. 発電機側

　a_1.　三相電機子電流 i_a, i_b, i_c によって，固定子内面には回転子と同一速度で同方向に回転する磁極 N_S, S_S が発生します．これによって回転子の磁極 N，S との間に，回転子を減速する向きの電磁力が働きます．

　a_2.　この減速力に逆らって回転子を回転させるために，原動機から軸を通して回転子に機械的エネルギーが供給されます．これが発電機で電気的エネルギーに変換されて，電機子コイルから電力として送り出されます．

b. 電動機側

　b_1.　発電機と同様に電機子電流によって回転子内面に発生する回転磁極 N_{BS}, S_{BS} と回転子の磁極 N_B, S_B との間に回転子を加速する電磁力が働きます．この場合の電機子電流は電動機に流入する向きで，発電機の場合の発電機から流出するのと逆向きになっているから，回転磁極も発電機とは逆向きで加速力となります．

　b_2.　この加速力によって，回転子の軸につながったポンプなどの負荷を回します．すなわち電動機に供給された電気的エネルギーが，電動機で機械的エネルギーに変換されます．

(2) 安定限界

発電機と電動機の内部電圧間の相差角δ（位相角の差, N極間の相差角に等しい）が増加すると，両電圧の差が大きくなり，これに伴ってこの間に流れる電流と電力も増加します．発電機の電力 P と δ の間には，電力相差角曲線と呼ばれる次のような関係があります（付録2）．

$$P = P_m \sin \delta \tag{2・1}$$

ここに，P_m：電力の最大値（$= E_1 E_2 / X$），E_1, E_2：発電機と電動機の内部電圧の実効値，X：内部電圧間のリアクタンス

リアクタンス X は，内部電圧間の電圧降下とこの間を流れる電流の比を表す係数です．

(2・1)式は図2・6のような正弦波となります．P は，δが0～90°の間ではδの増加に伴って増加し，δ＝90°で最大値 P_m をとり，δが90°を超えると減少します．発電機として安定に運転できるのはδ＝0～90°の範囲です．なぜなら同図でA点では，回転子がすこし加速してN極の相差角が δ_1 から $\Delta\delta$ 増加すると，電力（出力）が ΔP 増加して，原動機からの入力が一定とすると，回転子に減速力が働き，回転子をもとへ戻そうとするから安定に運転できます．これに対してB点では，回転子がすこし加速してN極の相差角が δ_2 から $\Delta\delta$ 増加すると電力が ΔP 減少して，回転子に加速力が働き，回転子はますます加速して安定に運転できません．

δが90°を超えると，発電機と電動機が同一速度で回転する同期運転が保てなくなります．この状態は脱調と呼ばれます．

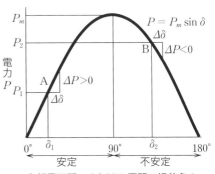

図2・6 一機無限大系統の安定限界

発電機の回転子が加速して相差角が開いたときに，これをもとへ戻そうとする力，すなわち同期が外れようとするときに同期状態に戻そうとする力は同期化力と呼ばれます．同期化力は相差角の微小変化に対する電力変化で，次のように表されます．

$$同期化力 = \frac{dP}{d\delta} = P_m \cos\delta \tag{2・2}$$

これは図2・7のようになり，発電機が安定に運転できるのは，同期化力がプラスの範囲です．

　　同期化力>0　　安定（一機無限大系統では　$0<\delta<90°$）
　　同期化力<0　　不安定（同上　$90°<\delta<180°$）

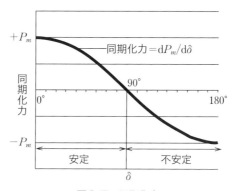

図2・7　同期化力

(3)　安定度モデル

一機無限大系統の安定度は，図2・8のように近接した2枚の円板をスプリング（ばね）でつないだモデルに見立てることができます．同図で，ZOZ′軸上に取り付けられた自由に回転できる近接した2枚の円板A，Bを，発電機と大形電動機の回転子とみなし，両者の磁極と見立てた点N，N_Bをス

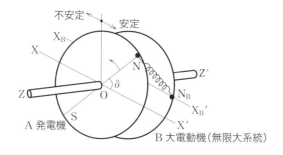

図2・8　一機無限大系統の安定度モデル

プリングで結びます．円板BはZOZ′軸に固定し，円板Aをスプリングの張力に逆らってδ [°] 回転するために必要な回転力（トルク）Tは，次のように表せます（**付録2**）．

$$T = T_m \sin \delta \tag{2・3}$$

ここに，T_m：Tの最大値（$\delta = 90°$のときのT）

$\delta = 90°$のときTは最大となり，δが90°を超えると円板はその位置にとどまることができません．これは(2・1)式の電力と相差角の関係と同様です．したがって，一機無限大系統の電力相差角曲線は，図2・8のようなスプリングで結ばれた2枚の円板の回転力と回転角の関係に見立てることができます．

発電機と電動機の電機子間に流れる電流によってできる回転磁界と，回転子の磁極間に働く電磁力は，両者の回転子を結ぶスプリングのような働きをします．両者の相差角が開こうとすると，$0° < \delta < 90°$の安定範囲ではもとへ引き戻そうとするが，$90° < \delta$の不安範囲ではますます開かせようとして，その相差角で安定運転することができなくなります．発電機の定格容量が大きくなると，スプリング張力が大きくなると考えられます．

以上は，実際の発電機に設置されている出力や電圧の制御装置の動作を考慮しない静的な安定限界で，およその目安にはなりますが，実際の系統の計画，運転にあたっては，制御装置の動作を考慮した動的な安定限界を求める必要があります．

(4) 安定限界送電容量

図2・9のように，1台の発電機が送電線（リアクタンスX_L）を通して無限大母線に送電している場合の安定限界送電容量を概算してみます．

発電機の内部誘起電圧E_1と送電端電圧V_1との相差角は発電機の機種によって異なりますが，定格出力運転時は，火力発電機で60°程度，水車発電

図2・9 一機無限大系統の安定限界送電容量

機で30～60°程度です．内部電圧 E_1 と無限大母線電圧 V_2 との安定限界相差角を90°とすると，送電線の送受電端の安定限界相差角 δ_L は90°から $E_1 V_1$ 間の相差角60～30°程度を差し引いて，30～60°程度となります．

送電線の安定限界送電容量 P は，

$$P = \frac{V_1 V_2}{X_L} \sin \delta_L \tag{2·4}$$

なので，V_1，V_2 は定格値とし，送電線の1km当たりのリアクタンスは標準的な値を用い，δ_L は控えめに30°とすれば，送電線の送電距離と安定限界送電容量の関係は，図2・10となります．

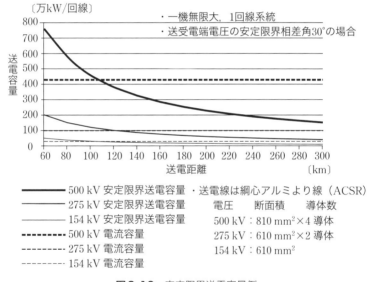

図2・10　安定限界送電容量例

これによれば，安定限界送電容量は送電距離に反比例し，送電電圧の2乗にほぼ比例しています．これは（2・4）式で，X_L は送電線距離に比例し，V_1，V_2 電圧がいずれも定格電圧 V とすると，送電容量は送電距離に反比例し，定格電圧の2乗に比例するためです．

また，実際の送電線では，電圧階級が高くなると電流容量の大きな電線が使用される傾向があり，大ざっぱにいえば，電流容量 I_C は電圧階級 V に

比例するとみられます．

$$I_C \propto V \tag{2・5}$$

$$\therefore \ 電流容量面からの送電容量 \propto I_C \times V \propto V^2 \tag{2・6}$$

となって，電流容量面からの送電容量もほぼ送電電圧の2乗に比例することになります．

図2・10からきわめてマクロ的にいえば，100 km程度以下では電流容量よりも安定限界のほうが大きく，100 km程度以上では電流容量よりも安定限界のほうが小さい傾向があります．

2・3 多機系統の安定度

(1) 同期運転

実際の電力系統では多数の同期発電機が連系された多機系統を構成して，多数の需要に電力を供給しており，常に「発電力の合計＝需要電力の合計」の需給バランスが維持されています．

各発電機は等しく同期速度（2極機では誘起電圧の周波数に等しい）で回転しており，各発電機の回転磁極間または誘起電圧間の相差角は，一定の範囲内にとどまっています．この状態は同期運転と呼ばれています．相差角の安定範囲は，一機無限大系統では90°ですが，多機系統では一概にいえません．

ある発電機の回転子磁極の位相が進むと，電機子電流が増加して回転子をもとの位相に戻そうとする力が働きます．その電機子電流は，付近のほかの発電機の電機子に流れ込んで，それによる回転磁極がその発電機の回転子の位相を進める方向に電磁力が働きます．これは，ある発電機の回転子が加速すると，電機子電流を通してほかの発電機を加速する力，すなわち同期化力が働いて，同期運転が維持されます．これはあたかも図2・11のように，各発電機の回転子がスプリングで結ばれているようにイメージすることができます．

図2・11で，G_1，G_2，…は，$Z-Z'$軸を自由に回転できる近接した円板で各発電機の回転子を模擬しています．各回転子は原動機による加速力と発

電機出力による減速力がバランスして，等速で回転しています．これらは，50 Hz系では毎秒50回[※4]で回転しており，毎秒50回転している円板上に立っていれば静止しているように見えます．$N_1, N_2, \cdots$は各回転子のN極で，これらはスプリングで結ばれています．スプリングは，発電機の電機子間に流れる電流による同期化力を模擬しています．1台の回転子の位相が進んでその電機子電流が増加した分は，近くのほかの多くの発電機の電機子に流れ込み，その間に同期化力が働くから，各回転子は近くの多くの発電機の回転子とそれぞれ強さの異なるスプリングで結ばれているように働きます．このモデルでは，簡単のために隣接する発電機だけが同じようなスプリングで結ばれた形で模擬していますが，実際は同期運転中のすべての発電機間に同期化力が働いています．たとえば図2・12の5機系統では，5台の発電機の回転子がすべてスプリングで結ばれているように働きますが，遠くの発電機ほど電機子電流の相互の流れ込みが少なく，この間を結ぶスプリングも弱くなるので，図2・11では隣接発電機間のスプリングだけを示してあります．

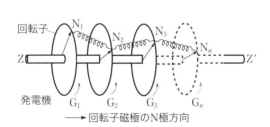

図2・11　多機系統の同期化のイメージ

①,②,③,④,⑤：各発電機のN極

図2・12　5機系統の同期化力

（2） 同期外れ（脱調）の防止

同期運転中の発電機のいずれかが安定限界相差角の範囲を超えると，同期速度から外れて一定出力で安定運転ができなくなる，すなわち，同期外れまたは脱調状態となります．この状態を放置すると，ほかの発電機も巻き込まれて，連鎖的に同期外れが拡大し，電力系統の広範囲に及ぶ大停電

※4　60 Hz系では毎秒60回．

事故に波及拡大するおそれがありますから，脱調した発電機はただちに電力系統から切り離すような保護装置が設けられています．

同期外れが起こるのは，主に次のような場合です．

① 需要地から遠く離れた発電機が，長距離送電線を通して需要地に大電力を送電しているときに，送電電力が安定限界を超えた場合
② 連系した二つ以上の電力系統間に，安定限界以上の大電力が流れた場合
③ 大電力を複数の長距離送電線で送電しているときに，そのうちの一部の送電線が事故などで停止し，残った送電線の電力が安定限界を超えた場合
④ 複数の送電線で連系されている二つ以上の電力系統で，連系線が事故などで停止して，残った連系線の電力が安定限界を超えた場合
⑤ 送電線の短絡事故（2相以上のショート）の切離しが遅れて，電力系統の電圧が低下し，近くの発電機の出力が異常に低下して，発電機のタービンからの機械的入力よりも電気的出力が下回り，発電機が異常に加速した場合

電力系統に接続された同期発電機が，そろって同期運転を維持できる度合は，系統安定度，同期安定度，または単に安定度と呼ばれます．系統安定度は，電力系統の短期的な運用計画や長期的な系統構成計画立案の段階で，十分検討しておく必要があります．発電機や送電線の補修停止などの特異系統では，入念な検討が必要です．また，大容量発電機の建設計画に際しては，安定度面から関連送電線の増強の要否などの検討が必要です．特に，広範囲に連系を拡大した大電力系統では，同期連系系統の全域にわたる安定度の検討が不可欠です．

付録2　同期発電機の原理

(1)　電流による磁束の発生

磁石の周りには，磁力（鉄などを引き付ける力）の強さと方向を表す，目に見えない磁束ができていると考えられています（付図2・1）．磁石のN極

からは磁極の強さに比例した数の磁束が出ており，これはすべてS極に入り，N極に戻る閉曲線（閉じた曲線）となっています．

付図2·2のように，電線を巻いたコイルに，右ねじの方向に電流を流すと，右ねじの進む方向に磁束ができます（右ねじの法則）．電流を流したコイルは磁石のような働きをするので，電磁石と呼ばれます．

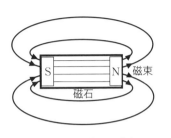

付図2·1 磁石と磁束

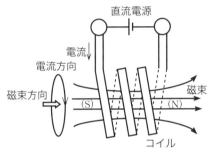

付図2·2 コイルの電流と磁束方向

(2) 磁束の変化による電圧の発生

コイルに鎖交する磁束が変化するとコイルに電圧が誘起されます（電磁誘導の法則）．付図2·3では磁束ϕ（ファイ）はコイルと3回鎖交しているから，磁束鎖交数は3ϕとなります．コイルに鎖交する磁束鎖交数が変化すると，1秒間の磁束鎖交数の変化に等しい電圧がコイルに誘起されます．電圧の方向は磁束鎖交数の変化を妨げる向きに電流を流そうとする方向です．同図では，鎖交磁束が矢印の向きに増加するとき，それと逆向きの鎖交磁束をつくる電流を流そうとする方向の電圧が発生します．

なお紙面に垂直な電流方向は付図2·4のように表します．

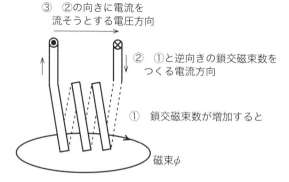

付図2・3 磁束変化による電圧の発生

(1) 紙面の裏から表に向かう方向　　(2) 紙面の表から裏に向かう方向

付図2・4 電流の方向表示

(3) 同期発電機の誘起電圧

付図2・5は，同期発電機の原理図です．固定子の電機子コイル（この場合は三相コイルのうち，a相（a_1-a_2）だけを取り上げています）の中で回転子（磁石）が回転すると，電機子コイルと鎖交する磁束が変化するために，電磁誘導によってコイルに電圧が誘起されます．2極機の場合，50 Hz系統では回転子は1秒間に50回転するから，電機子コイルの誘起電圧も付図2・6のように，1秒間に50回変動する50 Hzの正弦波となります（60 Hz系統では1秒間に60回転し，60 Hzの電圧を誘起します）．

付図2・5のように，回転子のN極がa_1コイルの真下を通過するときを時間の基準にとれば，このときにa相コイルの磁束鎖交数の変化が最大となり，a相誘起電圧e_aも最大となります．e_aは次のように表せます．

40　第2章　電力系統の安定度特性

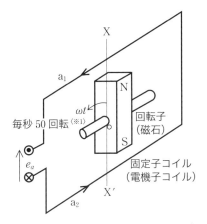

〈※1〉　50 Hz 系．60 Hz 系では 60 回転．
　　　いずれも 2 極機の場合．

付図2・5　同期発電機の原理

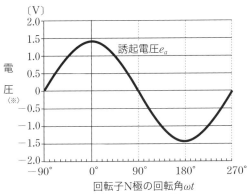

〈※1〉　実効値が1 V，最大値が$\sqrt{2}$　Vの場合

付図2・6　電機子コイルの誘起電圧

$$e_a = \sqrt{2} E_a \cos \omega t \qquad (付2・1)$$

E_aはa相電圧の実効値で，$\sqrt{2}\,E_a$は最大値を表します．

(4) 三相同期発電機の原理

(a) 三相電圧の誘起

三相同期発電機は，付図2・7のように，回転子と固定子から構成されています．

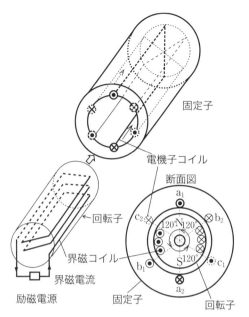

付図2・7 固定子と回転子

回転子には回転子コイル（界磁コイルと呼ばれる）が巻かれており，これに直流電流（界磁電流と呼ばれる）を流して，回転子全体が電磁石となっています．

固定子鉄心には電機子コイルがa相→b相→c相の順に120°ずつずらして巻かれています．原動機によって回転子を回せば，電機子コイルには，a相→b相→c相の順に120°ずつ位相が遅れた三相電圧e_a, e_b, e_cが誘起されます（付図2・8）．

(b) 電機子電流による回転磁極

付図2・9のように，電機子コイルに三相負荷（この場合は抵抗負荷Rとします）を接続して電力を消費すれば，各相の電機子コイルには付図2・8のように，各相電圧とほぼ同相の電機子電流i_a, i_b, i_cが流れます．これによって付図2・10のように，固定子の内面には，回転子と同一速度で回転する回転磁極N_s, S_sができます．

この電機子電流による回転磁極N_s, S_sと回転子の界磁磁極N，Sの間に

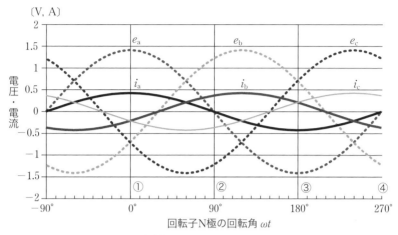

e_a, e_b, e_c＝a，b，c 相電圧
i_a, i_b, i_c＝a，b，c 相電流

付図2・8 三相同機発電機の電圧，電流

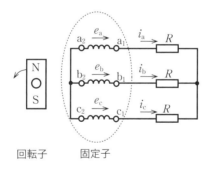

付図2・9 抵抗負荷への電力供給

働く電磁力に逆らって，回転子を回すために必要な機械的エネルギーが原動機から供給されます．このようにして，原動機から供給される機械的エネルギーが電機子コイルから電気的エネルギーとなって負荷に供給されることになります．

同期発電機の回転子は，系統周波数によって決まる電機子電流による回

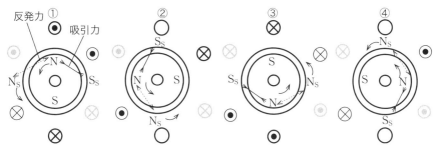

N, S：界磁電流（回転子電流）による回転磁極
N_S, S_S：電機子電流（固定子電流）による回転磁極
①②③④は付図2・8の①②③④時点に対応

付図2・10 電機子電流による回転磁極

転磁極の回転速度と同期して回転しています．同期電動機についても同様で，これらは同期機と呼ばれています．

(5) 同期発電機の回転数

火力発電機は，超高温，高圧蒸気を使ったタービンによって駆動され，高速回転の2極機が用いられています．原子力発電機は，燃料棒の被覆に使われているジルコニウムが比較的高温に弱いため，火力発電機よりも一次冷却水の温度が低く，タービンを回す蒸気温度が低くなっています．このため，発電機の回転数は火力発電機の半分の4極機が用いられています．

4極機は付図2・11のように，回転子にN，S極が二つずつ合計四つの磁極をもっています．これに対応して，回転子の電機子コイルもa，b，cの三相巻線を2組もっています．回転子が1回転する間に電機子コイルには2サイクルの交流電圧が誘起されるから，1秒間に25回転すれば50 Hzの交流電圧が誘起できます．

また，水力発電機などにはさらに回転数が少なく，磁極数の多い多極機が使われています．この場合の磁極は円筒形でなく，円筒から突き出した突極形となっています．

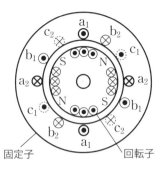

付図2・11　4極機の巻線構成

　同期発電機の極数 p_n と回転数の間には付表2・1の関係があります．p_n極機では回転子が1回転する間に，a相電機子コイルの電圧は $p_n/2$ 回変動するから，1秒間に n_s 回転すると $p_n n_s/2$ 変動し，これが周波数 f に等しくなります．

$$f = \frac{p_n n_s}{2} \tag{付2・2}$$

毎分の回転数 $n_m = 60 n_s$ ですから，次のようにも表せます．

$$f = \frac{p_n n_m}{120} \tag{付2・3}$$

この式で定まる n_s，n_m は同期速度と呼ばれており，同一電力系統に連系されている同期機はすべてこの同期速度で回転しています．これが同期機と呼ばれるわけです．

付表2・1　同期発電機の極数と回転数

極数（偶数）	毎秒回転数 n_s		毎分回転数 n_m	
	50 Hz系	60 Hz系	50 Hz系	60 Hz系
2	50	60	3 000	3 600
4	25	30	1 500	1 800
p_n	$100/p_n$	$120/p_n$	$6 000/p_n$	$7 200/p_n$

　また p_n 極機では，1回転すなわち機械的に360°回転する間に，電機子誘起電圧は $p_n/2$ サイクルすなわち電気的な位相角は $(p_n/2) \times 360°$ 変化します．そこで，p_n 極機では機械角 δ_m の $p_n/2$ 倍を電気角 δ_e と呼んでいます．

$$\delta_e = \frac{p_n \delta_m}{2} \qquad (付2\cdot4)$$

電気角でみれば，付図2・6，付図2・8などは，簡単のためにすべて2極機として取り扱うことができます．

(6) 一機無限大系統の安定限界

付図2・12のような同期発電機と大形同期電動機（発電機に比べて無限大とみなせるような大きな電力系統を表す）からなる一機無限大系統のa相について，それぞれの内部誘起電圧e_1，e_2は次のように表せます．

$$\left. \begin{array}{l} e_1 = \sqrt{2} E_1 \cos(\omega t + \delta) \\ e_2 = \sqrt{2} E_2 \cos \omega t \end{array} \right\} \qquad (付2\cdot5)$$

δはe_2に対するe_1の進み位相角です．

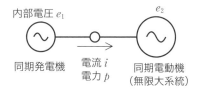

付図2・12 一機無限大系統

e_1からe_2に流れる電流iは，この間のリアクタンスをXとして，

$$\begin{aligned} i &= \frac{\sqrt{2} E_1 \cos(\omega t + \delta - 90°) - \sqrt{2} E_2 \cos(\omega t - 90°)}{X} \\ &= \frac{\sqrt{2} E_1}{X} \sin(\omega t + \delta) - \frac{\sqrt{2} E_2}{X} \sin \omega t \end{aligned} \qquad (付2\cdot6)$$

この式の$-90°$はリアクタンスを流れる電流の位相が，これにかかる電圧から90°遅れることを示しています．また，e_1，e_2間の回路の抵抗分は簡単のために省略してあります．

発電機から供給される電力pは，次のように表されます．

$$p = e_1 i$$
$$= \frac{2E_1^2}{X}\cos(\omega t + \delta)\sin(\omega t + \delta) - \frac{2E_1 E_2}{X}\cos(\omega t + \delta)\sin\omega t$$
$$= \frac{E_1^2}{X}\sin 2(\omega t + \delta) - \frac{2E_1 E_2}{X}(\cos\omega t \cos\delta - \sin\omega t \sin\delta)\sin\omega t$$
$$= \frac{E_1^2}{X}\sin 2(\omega t + \delta) - \frac{E_1 E_2}{X}(\sin 2\omega t \cos\delta - 2\sin^2\omega t \sin\delta)$$
$$= \frac{E_1^2}{X}\sin 2(\omega t + \delta) - \frac{E_1 E_2}{X}\sin 2\omega t \cos\delta - \frac{E_1 E_2}{X}\cos 2\omega t \sin\delta$$
$$+ \frac{E_1 E_2}{X}\sin\delta \quad \text{※5} \quad \text{(付2・5)}$$

(付2・5)式の1周期 T 秒間の平均電力 P をとると，最後の辺の第1，2，3項は $=0$ で，第4項だけが残るから次のように(2・1)式が得られます．

$$P = \frac{E_1 E_2}{X}\sin\delta \text{〔W〕} \quad \text{(付2・6)}$$

三相電力はこれの3倍となります．

(7) 一機無限大系統の安定度モデル

付図2・13で，$\overline{ON_B} = \overline{ON} = R$，$\overline{NN_B} = A$，$\angle NON_B = \delta$ とすれば，

$$A = 2R\sin\frac{\delta}{2}\text{〔m〕} \quad \text{(付2・7)}$$

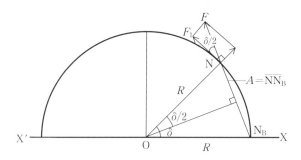

付図2・13　一機無限大系統のモデル

※5　公式　$2\sin^2\omega t = 1 - \cos 2\omega t$ より

このときスプリングNN_Bの張力FがAに比例するものとすれば[※6]，
$$F = kA \, [\text{N}] \quad [※7] \tag{付2·8}$$
ここに，k：スプリングの伸びAと張力Fの比例係数
FのONに対する直角方向成分F_1は，
$$\begin{aligned} F_1 &= kA\cos\frac{\delta}{2} = 2kR\sin\frac{\delta}{2}\cos\frac{\delta}{2} \\ &= kR\sin\delta \, [\text{N}] \end{aligned} \tag{付2·9}$$

したがってスプリングの張力に釣り合うために必要な円板を反時計方向に回そうとする回転力（トルク）Tは，
$$T = RF_1 = kR^2\sin\delta \, [\text{N·m}] \tag{付2·10}$$
$T_m = kR^2$とおけば，
$$T = T_m \sin\delta \, [\text{N·m}] \tag{付2·11}$$

したがって，相差角δとトルクTの関係は，(2·1)式の相差角δと電力Pの関係と相似形となっています．Aは発電機と電動機の内部電圧の差，したがって両者間に流れる電機子電流に対応し，Aが長いほど電機子電流は大きくなります．それに対応して両者をつなぐスプリングが長くなって，その張力も強くなり，これに釣り合うトルクも大きくなります．しかし相差角δが90°を超すとトルクは減少に転じ，δの増加に伴って引き戻すスプリングのトルクも減少し，δはますます増加して不安定となります．

[※6] 実際のスプリングでは，もとの長さL_0のスプリングに張力Fをかけて，長さがΔL伸びて$L = L_0 + \Delta L$となったとき，Fはスプリングの伸び率（$\Delta L/L_0$）に比例して，$F = k\,(\Delta L/L_0)$となりますが，ここではゴムひものように伸び率がきわめて大きく，$L = L_0 + \Delta L \fallingdotseq \Delta L$となり，$F \fallingdotseq k\,(L/L_0)$すなわち張力$F$が長さ$L$にほぼ比例するようなモデルを考えます．

[※7] Nは力の単位，ニュートン

第3章

電力系統の周波数特性

要　旨

- 電力システムに接続される機器の周波数動作保証範囲は，電力利用機器で0.5〜3.0 Hz，電力供給設備で最も影響の大きい火力発電機で1.0〜1.5 Hz程度ですが，日本の大部分の電力系統では，標準周波数（50または60 Hz）からの偏差値を0.1〜0.2 Hz以下に制御することを目標としています．
- 電力系統で負荷が変動すると，発電電力＝負荷消費電力のバランスが崩れて，発電機の回転数が変動し，系統周波数が変動します．風力発電も出力が変動し，電力系統に変動負荷と同様の影響を与えます．
- 日本の電力系統の実測結果では，電力系統の合計負荷が1〜2％変動すると，系統周波数は0.1 Hz程度変動する特性がみられます．
- 負荷変動に対して，周波数を一定に維持するためには，負荷の変動周期に応じて，各種の発電機の出力調整が行われています．
- 連系系統では，周波数変動と連系線潮流の変動を測定して，自系統内の負荷変動は自系統内の発電機出力調整によって吸収する方式が多く用いられています．

◆ 大規模な電源脱落事故時などに，系統周波数が大幅に低下した場合には，日本では事故の発生した系統の発電機または負荷の制御と他系統からの応援によって，周波数の回復を図り，極力，連系を維持するように努めますが，1 Hz程度以上の周波数低下が続いた場合は，連系線を自動遮断して他系統への波及を防止するようにしています．

3・1　周波数制御の目標

(1)　周波数変動による影響

(a)　電力需要側への影響

　国内の電気機器利用業界の調査結果では，機器の動作保証範囲はおおむね基準周波数の±1～5 %（50 Hz系では±0.5～2.5 Hz，60 Hz系では±0.6～3.0 Hz）となっています[※1]．

(b)　電力供給側への影響

　電力系統の周波数が低下すると，火力発電機の蒸気タービンの動翼の振動発生，補機類の出力低下により安定運転に影響を及ぼします．一般には1.0～1.5 Hz程度の低下までは連続運転が許容されています．

　また，電力会社間の連系線の潮流（電力の流れ）が変動し，安定な連系系統の運転に影響を及ぼします．

(2)　周波数制御の目標値

　日本では，電気事業法によって一般電気事業者は，その供給する電気の周波数を標準周波数（50 Hzまたは60 Hz）に等しい値に維持するように努めなければならないと定められています．これに対して事業者側では標準周波数からの偏差値を目標値（表3・1）以内に維持するように努力しており，事故時などの一次的変動を除いてほとんどこの目標を達成しています．

※1　総合エネルギー調査会・電力系統影響評価検討小委員会中間報告2000年

表3・1 周波数偏差の目標値[※1]

系統		目標値	備考
日本[※1]	北海道	最大偏差　50±0.3 Hz	逸脱回数 年平均43回[※4]
	東地域	最大偏差　50±0.2 Hz	時間滞在率 99.999 %[※5]
	西地域	最大偏差　60±0.1 Hz	時間滞在率 98.84 %[※5]
北米 (NERC[※2])	東部	1分間平均値の年間標準偏差　0.018 Hz	
	西部	1分間平均値の年間標準偏差　0.0228 Hz	
欧州	UCTE[※3]	時間滞在率　90 %以上　50±0.04 Hz以内	
		時間滞在率　99 %以上　50±0.06 Hz以内	

〈※1〉　風力発電の系統連系について(2004年, 資源エネルギー庁)
〈※2〉　北米電力信頼度協議会
〈※3〉　欧州送電協調連盟
〈※4〉　平成12～14年度平均
〈※5〉　平成5～14年度平均

　欧米では日本の目標値より小さくなっていますが，これは欧米の系統容量[※2]が大きいためとみられます．一般に電動機や照明などの需要機器構成に大差がないとすれば，系統容量Pがn倍になると負荷変動ΔPは$\sqrt{n}$倍，負荷変動率$\Delta P/P$は$1/\sqrt{n}$倍となります（付録3）．たとえば系統容量Pが4倍になると負荷変動ΔPは$\sqrt{4}=2$倍，負荷変動率$\Delta P/P$は$2/4=1/2$倍となります．系統容量は，第5章で後述するように，2013年の東地域の東京，東北50 Hz連系系統は6 700万kW，西地域の60 Hz系統は8 900万kWですが，2012年のヨーロッパ大陸の西中欧系統は39 800万kW，北米の東部系統は65 900万kWと，日本の4～10倍となっており，系統の負荷変動，したがって周波数変動も少なくなっているものとみられます．

※2　一つの同期連系系統内の需要電力の合計．その電力系統の最大需要電力を系統容量と呼ぶこともあります．

3・2　電力系統の周波数特性

(1)　負荷の周波数特性

　電力系統の負荷は，周波数が上昇するとモータの回転数（ほぼ周波数に比例する）も増加して電力消費も増加するなど，周波数の上昇に伴って負荷も増加する傾向があります．

　標準周波数の付近で，周波数が単位量上昇したときの負荷の増加は負荷の周波数特性定数と呼ばれます．

$$K_L = \frac{\Delta L}{\Delta F} \, [\mathrm{MW/0.1\,Hz}] \tag{3・1}$$

　ここに，ΔL：負荷変化量〔MW〕，ΔF：周波数変化量〔0.1 Hz〕，K_L：
　　　負荷周波数特性定数〔MW/0.1 Hz〕

　ΔLはもとの負荷に対する変化率〔%〕，K_Lは0.1 Hz当たりの負荷変化率〔%/0.1 Hz〕で表すこともあります．

　電力系統の負荷特性のある測定結果[※1]（1995～1999年）によれば，平均値では，東地域0.3〔%/0.1 Hz〕，中西地域0.2〔%/0.1 Hz〕程度ですが，測定時間帯によって平均値の0.3～2倍とかなりバラついています．これは季節，曜日，時刻によって負荷機器の構成が異なるためとみられます．

　平均値でみれば，周波数が0.1 Hz上昇すると負荷は0.2～0.3 %増加し，0.1 Hz低下すると0.2～0.3 %減少することになります．このために電力系統の負荷が増加すると発電機出力が増加して，原動機からの機械的入力が一定なら周波数が低下しますが，負荷特性によって負荷が減少するから，はじめの負荷増加を打ち消すように働き，周波数の変動を減少する効果があります．これは負荷の自己制御特性と呼ばれています（図3・1）．

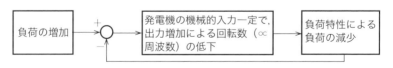

図3・1　負荷の自己制御特性

(2) 発電機の周波数特性

(a) 発電機の回転数制御

発電機の発電電圧の周波数は，火力発電機のような2極機では発電機の回転数に等しく，50 Hz系の発電機は1秒間に50回転（60 Hz系で60回転）しています．多極機でも発電電圧の周波数は回転数に比例しますから，周波数を標準値に維持することは回転数を標準値に維持することになります．

発電機の回転数は，簡単のために摩擦などによる損失を無視すれば，原動機への機械的入力G_Mと発電機の電気的出力Gが等しいときに安定していますが，前者が後者より大きくなると上昇し，小さくなると下降します（図3・2）．したがって回転数を一定に維持するためには，負荷の変動に伴って発電機の電気的出力Gが変動した場合，それに合わせて原動機の機械的入力G_Mを調整する必要があります．

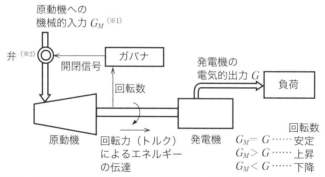

〈※1〉火力発電機ではタービンへの蒸気量，水力発電機では水車への水量
〈※2〉火力発電機では蒸気加減弁，水力発電機ではガイドベーン

図3・2 発電機の入力と出力

(b) ガバナの特性

ガバナ（調速機）は，発電機の負荷変動にかかわらず，回転数を一定の範囲内に保つために，負荷に合わせて原動機への機械的入力G_Mを調整する装置です．図3・3のように，定格入力G_{Mn}（≒定格出力），定格回転数n_nのa点で電力系統に並列運転中に，発電機を系統から解列して無負荷とした場合，ガバナが働いて回転数をn_1に抑えます．このとき，ガバナの速度

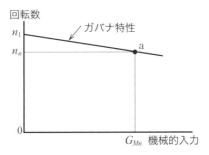

図3・3 ガバナの速度調定率

調定率Rは次のように定義されています．

$$R = \frac{n_1 - n_n}{n_n} \times 100 \ \% \tag{3・2}$$

Rは火力発電機では4～5％，水力発電機では3～4％に設定されており[※1]，解列時の速度上昇率は3～5％以内にとどまります．

回転数nは周波数Fに比例しますから，単位法では次のようにも表せます．

$$R = \frac{F_1 - F_n}{F_n} \text{〔p.u.〕} \tag{3・3}$$

発電機が電力系統に並列される前に，所内負荷をもって単独運転しているような場合には，ガバナによって負荷の大きさにかかわらず回転数は一定に保たれます．

発電機が電力系統に並列された後は，回転数は系統周波数によって一定に保たれますから，ガバナの設定値を変えて出力を増減することができます．

ガバナフリー運転は，系統並列運転時に，ガバナ特性に従って系統の周波数変化に応じて発電機の入力を制御する運転方式で，水力，火力発電機の一部で行われています．原子力発電機は炉心保護上，ガバナフリー運転は行われていません．

図3・4で周波数F_0，入力G_{M0}のa_0点で運転中に系統周波数がΔF低下すれば，入力はΔG_M増加して，系統の周波数を上昇（回復）させる方向に働きます．逆に周波数が$\Delta F'$上昇すれば入力は$\Delta G_M'$減少して系統の周波数

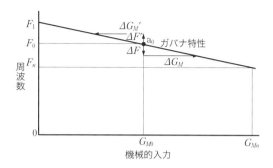

図3・4 ガバナフリー発電機の系統特性定数

を低下（回復）させる方向に働きます．いずれも系統の周波数を回復させる働きがあり，ガバナフリー運転は電力系統の周波数安定化に寄与します．

しかし，火力発電機では，入力を頻繁に大幅に変化させると，蒸気圧力の変化や温度変化が急激となり，タービンなどの損傷が早まるため，変化幅は発電機入力の数％程度に制限されています．

(c) 発電機の周波数特性

周波数が単位量低下したときの入力の増加は，発電機の周波数特性定数と呼ばれます．周波数特性定数 K_G は，

$$K_G = -\frac{\Delta G_M}{\Delta F} \, [\text{MW}/0.1\,\text{Hz}] \tag{3・4}$$

ここに，ΔG_M：発電機入力変化量 [MW]，K_G：発電機周波数特性定数 [MW/0.1 Hz]

右辺の負の符号は，周波数が上昇（$\Delta F > 0$）したときに入力が減少（$\Delta G_M < 0$）することを示しています．ここでも ΔG_M はもとの値に対する変化率 [％] で表し，K_G は 0.1 Hz 当たりの入力変化率 [％/0.1 Hz] で表すこともあります．

したがって図3・4から，

$$-\frac{\Delta G_M}{\Delta F} = \frac{G_{Mn}}{F_1 - F_n} \tag{3・5}$$

(3・4)式を単位法で表せば，$\Delta G_M \to \Delta G_M / G_{Mn}$，$\Delta F \to \Delta F / F_n$ と置き換えて，

$$K_G = -\frac{\dfrac{\Delta G_M}{G_{Mn}}}{\dfrac{\Delta F}{F_n}} = \frac{F_n}{F_1 - F_n} = \frac{1}{R} \text{ (p.u.)} \tag{3·6}$$

単位法で表せば，ガバナフリー発電機の周波数特性定数K_Gは，速度調定率Rの逆数に等しくなります．

実系統では，ガバナフリー運転の発電機は並列中の発電機の一部ですから，並列発電機の定格容量の和に対する％で表すとK_Gは0.7〜1.0〔%/0.1 Hz〕程度です（電気工学ハンドブック）．

(3) 電力系統の周波数特性

図3·5で，負荷L_0，発電力G_0，周波数F_0のa_0点で運転中に，負荷がわずかにΔL_0増加して負荷特性が①から②に増加してa_0'に移った場合，周波数の低下により発電機は発電機の周波数特性によってΔGだけ出力を増加させ，負荷は負荷の周波数特性によってΔLだけ減少し，周波数はΔF低下してa点で平衡します．

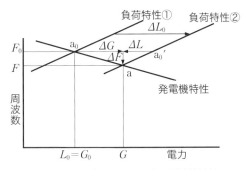

図3·5 ガバナフリー時の周波数特性

このとき次の関係が成り立ちます．

$$\Delta G = -K_G \Delta F \tag{3·7}$$

$$\Delta L = K_L \Delta F \tag{3·8}$$

$$\Delta L_0 = \Delta G - \Delta L = -(K_G + K_L)\Delta F = -K\Delta F \tag{3·9}$$

ここに，Kは電力系統の周波数特性定数で，

$$K = K_G + K_L \text{ 〔MW/0.1 Hz〕} \tag{3·10}$$

(3・9)式の右辺の負の符号は，負荷が増加すれば周波数は低下し，負荷が減少すれば周波数は上昇することを示しています．電力系統の周波数特性定数は，電源の種類，運転状態に伴って刻々変化するが，通常は1〜2〔%/0.1 Hz〕程度とされています（表3・2）．これは，負荷が1〜2％増加すると，周波数は0.1 Hz程度低下することを意味します．電力系統の周波数特性定数については，電源脱落についても同様で，系統容量の1〜2％の電源が脱落すると，周波数は0.1 Hz程度低下することになります．

表3・2 電力系統の周波数特性定数概略値

	周波数特性定数(%/0.1 Hz)
発電機の周波数特性定数 K_L	0.7〜1.0 [※1]
負荷の周波数特性定数 K_G	0.2〜0.4 [※1]
電力系統の周波数特性定数 K	1〜2 [※1]

〈※1〉 電力工学ハンドブック

実系統の発電機の出力は，図3・6のようにロード・リミッタ（負荷制限器）によって，上限値 G_{LL} を超えないように設定されています．負荷増加 ΔL_{01} によって，発電機出力が a_1 点の G_{LL} に至るまでは，

$$\Delta L_{01} = \Delta G_1 - \Delta L_1 = -(K_G + K_L)\Delta F_1 = -K\Delta F_1 \tag{3・11}$$

負荷がさらに ΔL_{02} 増加すると，発電力は G_{LL} のまま変わらないから，

$$\Delta L_{02} = -K_L \Delta F_2 \tag{3・12}$$

の関係に従って周波数は低下します．

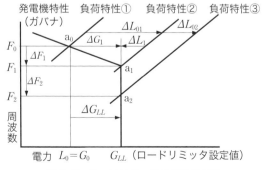

図3・6 ロードリミッタの周波数特性

したがって図3・7のように，負荷増加時の系統の周波数特性定数はロードリミッタ設定値G_{LL}までは$K=K_G+K_L$ですが，G_{LL}を超えると$K_G=0$で$K=K_L$となり，周波数は急激に低下することになります．電源脱落時にも，周波数はほぼ同様に低下します．

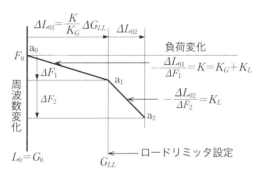

図3・7　負荷増加時の周波数低下

3・3　常時の周波数制御

(1)　電力系統の負荷変動

電力系統の負荷は，電灯，電動機などいろいろな種類の負荷から構成されており，刻々と変動しています．このような負荷は図3・8のようにさまざまな周期成分を含んでいますが，次のような成分に分けることができます．

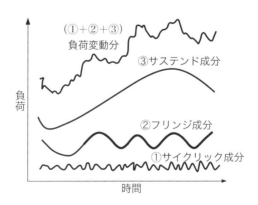

図3・8　負荷変動の周期成分

① 微小変動分（サイクリック成分）

電気鉄道や電気炉などによる変動周期数分以下の変動分

② 短周期変動分（フリンジ成分）

冷暖房機器の自動制御，風力発電[※3]などによる数分〜10数分までの変動分

③ 長周期変動分（サステンド成分）

日間の工場，ビル，家庭用電気設備の稼働，停止などによる10数分以上の変動分

このうち変動周期10数分以下の短周期変動分については，周期が短いほど変動幅が小さくなることが知られています[※4]．

また，日本の負荷変動の実測結果によれば，負荷変動の標準偏差 σ_D〔MW〕は，系統容量（総需要）P〔MW〕と次のような関係が報告されています[※5]．

$$\sigma_D = \gamma\sqrt{P} \tag{3・13}$$

γ（ガンマ）は比例定数で，日本の9電力会社によって，また，曜日や時間帯によって0.2〜0.7の間にバラついています．正規分布をする確率変数が平均値から$\pm 2\sigma$（変化幅4σ）の範囲の値をとる確率は0.95ですから，負荷変動ΔPを$4\sigma_D$とすれば，

$$\Delta P = 4\sigma_D = 4\gamma\sqrt{P} \tag{3・14}$$

負荷変動率vは，

$$v = \frac{\Delta P}{P} \times 100 = \frac{4\gamma}{\sqrt{P}} \times 100 \% \tag{3・15}$$

図3・9は上記の実測結果を概括的に図示したもので，負荷変動率は系統

[※3] 風力発電の出力は，10〜20分程度で変動し，電力系統に負荷変動と同様の影響を与えます．

[※4] 関根泰次「電力系統工学」

[※5] 電気学会技術報告「電力系統における常時および緊急時の負荷周波数制御」2002年

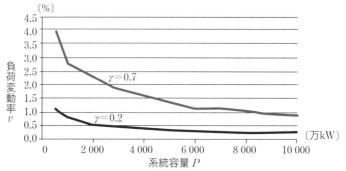

- 電力系統における常時および緊急時の負荷周波数制御
- 負荷変動周期 20 分以下
- $v = (4\gamma/\sqrt{P}) \times 100\%$

図3・9 系統容量と負荷変動率

容量や時点によって異なりますが，0.5〜4.0％程度となっています．

(2) 周波数制御分担

(1)の負荷変動成分に対しては，次のような制御方法で分担しています（図3・10，表3・3）．

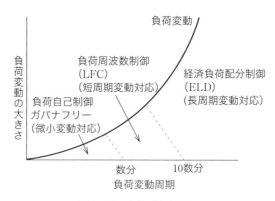

図3・10 制御分担概念図

① 微小変動対応

負荷の自己制御特性および発電機のガバナフリー制御で対応しています．これらの制御は，電動機などの回転体の慣性やガバナの過渡応答特性によって数秒の遅れはあるが，数分以下の負荷変動は吸収することができます．

表3・3 負荷変動と負荷周波数制御分担

負荷変動成分	変動周期 （負荷例）	負荷周波数調整方法			
		調整速度	調整量	調整方法	調整容量保有目標例
① 微小変動分	数分以下 （電気鉄道，電気炉）	大	小	・負荷の自己制御特性 ・水力，火力発電機のガバナフリー運転	ガバナフリー余力は系統容量の2〜4％[※1]
② 短周期変動分	数分〜10数分（冷暖房器具の自動制御）	中	中	・水力，火力発電機の負荷周波数制御（LFC）	LFC調整容量は系統容量の1〜2％[※2]
③ 長周期変動分	10数分以上（工場，ビル，家庭の電気設備の稼働，停止）	小	大	・経済負荷配分制御（ELD） ・発電機の並列，解列	—

〈※1〉 電気学会「電力系統の常時および緊急時の周波数制御」
〈※2〉 電力系統の構成及び運用に関する研究会「電力系統の構成及び運用について」

② 短周期変動対応

中央制御による負荷周波数制御（LFC，ロード・フリケンシー・コントロール）で対応しています．これは，中央制御所で周波数偏差および連系線の潮流変化量を検出し，これをもとにその系統全体として必要な制御量を算出し，水力，火力発電所に制御指令を送って制御するものです．中央制御所と連系地点および各制御発電所の間に信号伝送系を整備し，設定したプログラムに従って自動制御します．原子力発電所のLFC運転は行っていません．

③ 長周期変動対応

日間の需要予測に基づいて，発電機の並列・解列および経済負荷配分制御（ELD，エコノミック・ロード・ディスパッチング・コントロール）で対応しています．後者は中央制御所で各発電機への経済的な出力配分を自動的に算出し，各発電機に制御信号を送って制御するものです．

図3・11で，負荷特性①，発電特性①のa_0点で運転中に，負荷がΔL_0，発電力がΔG_0増加してa_1点に移った場合，差し引き$\Delta L_0 - \Delta G_0$の負荷増加に

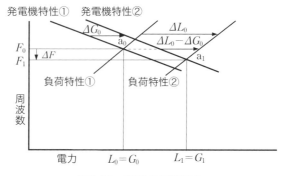

図3・11 LFCの調整容量

よって，周波数がΔF低下したとすれば，系統の周波数特性定数をKとして，

$$\Delta L_0 - \Delta G_0 = K\Delta F \tag{3・16}$$

$$\Delta G_0 = \Delta L_0 - K\Delta F \tag{3・17}$$

となります．$\Delta F=0$として，周波数変化を起こさないためには，$\Delta G_0 = \Delta L_0$と，負荷増加に等しい発電力の増加が必要ですが，ΔFの周波数低下を許容すれば，$K\Delta F$だけ発電力の増加は少なくてすみます．たとえば，$K=1\sim 2$〔%/0.1 Hz〕，$\Delta F=0.1$ Hzとすれば，$K\Delta F=1\sim 2$%となります．

すなわち，周波数を安定維持するために必要な発電力の調整容量は，周波数変化をゼロとするためには，負荷変化と同程度の調整容量が必要となりますが，0.1 Hz程度の周波数偏差を許容するなら，調整容量は負荷変化より系統容量の1～2％少なくてすむことになります．

(3) 連系系統の負荷周波数制御

(a) FFC（定周波数制御，フラット・フリケンシー・コントロール）

連系線潮流に無関係に，周波数だけを検出して標準値に維持するように発電機出力を制御する方式です．

周波数だけを制御するために，FFCだけでは連系線潮流は変動するので，連系線潮流は連系するほかの系統が制御します．日本では，系統容量の大きい東京系統と，本州と直流で連系されているため本州とは周波数変動が異なる北海道系統の2系統がFFCを採用しています．

(b) TBC（周波数バイアス連系線電力制御，タイライン・パワー・バイアス・コントロール）

図3・12で，A，B二つの系統が連系線を通して連系しているとき，A系統にΔL_A〔MW〕，B系統にΔL_B〔MW〕の負荷増加があったとき，周波数変化（両系統とも等しい）をΔF〔Hz〕，連系線潮流（A→B向きを正とする）増加をΔP_T〔MW〕，A，B系統の周波数特性定数をK_A，K_B〔MW/Hz〕とすれば，次の関係が成り立ちます．

$$-K_A \Delta F = \Delta L_A + \Delta P_T \tag{3・18}$$
$$-K_B \Delta F = \Delta L_B - \Delta P_T \tag{3・19}$$

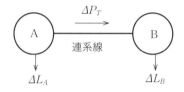

図3・12 連系系統の負荷，潮流変化

(3・18)式は，(3・9)式でA系統に負荷増加ΔL_Aと連系線潮流増加ΔP_Tが重なって$\Delta L_A + \Delta P_T$の負荷が増加した場合に相当します．また，(3・19)式は，同じく(3・9)式で負荷増加ΔL_Bと連系線潮流増加ΔP_Tが重なって，差し引き$(\Delta L_B - \Delta P_T)$の負荷が増加した場合に相当します．

(3・18)，(3・19)式は次のようにも表されます．

$$\Delta L_A = -K_A \Delta F - \Delta P_T \tag{3・20}$$
$$\Delta L_B = -K_B \Delta F + \Delta P_T \tag{3・21}$$

すなわち自系統の負荷変化は，周波数変化に自系統の周波数特性定数をかけて，連系線潮流変化を加えたものに等しく，これは地域要求量と呼ばれます．

地域要求量＝自系統の周波数特性定数×周波数変化
　　　　　＋連系線潮流変化

自系統の周波数特性定数として整定される値はバイアスと呼ばれます．

TBCは地域要求量によって自系統内の発電機を制御する方式で，自系統内の負荷変動は自系統内の発電機の出力調整によって吸収するものです．

TBCは，日本では東京，北海道以外の系統で採用されており，欧米の連系系統でも採用されています．

3・4　緊急時の周波数制御

(1)　緊急時の系統周波数特性

　送電線の2回線同時事故による大規模な電源脱落時などには，系統周波数は大幅に低下します．大幅な周波数低下時には，はじめにガバナフリー発電機が運転余力を増発しますが，運転余力を出し切ると発電力は一定となり，系統周波数は負荷の周波数特性に従って数秒以内に急速に低下します（図3・7）．

　このような緊急時には，大規模な高速の周波数制御による事故波及防止対策が行われています．

　なお，大規模な負荷脱落によって周波数が大幅に上昇した場合は，発電機の出力がガバナによって急速に減少して周波数を回復する効果が大きく，周波数低下時に比べて影響は少ないようです．

(2)　緊急時の周波数制御

(a)　緊急時の周波数制御方針

　各社系統とも，自系統の事故時には自系統の発電機または負荷の制御によって，周波数の安定化を図り，極力連系を維持するように努めます．また，他社系統の事故時にも，極力連系を維持しますが，周波数変動が大きく，連系を続けると連系系統に波及するおそれがある場合には，連系を分離して波及を防止します．

(b)　緊急時の制御方式

　一般的にはおよそ次のような制御が行われています．

① 　直流連系装置による緊急応援

　直流で連系された一方の系統に大幅な周波数異常が発生した場合には，健全系統から直流連系装置を通して緊急応援電力を送電して事故系統の周波数回復を図ります．

② 　揚水機の遮断

　周波数が0.5 Hz以上低下した場合には，揚水ポンプ用電動機として運転中の揚水発電機を遮断して，周波数の回復を図ります．

③ 　会社間連系分離

±1 Hz程度以上の周波数変動が続いた場合には，連系線を自動遮断してほかの連系系統への波及を防止します．

④　負荷制御

連系分離後も周波数低下が続き，系統全体が崩壊するおそれがある場合には，段階的に負荷を遮断して周波数の回復を図ります．

付録3　系統容量と負荷変動率

連続的に変動する確率変数xが，$x \sim x+\mathrm{d}x$の間の値をとる確率を$f(x)\mathrm{d}x$とするとき，$f(x)$は確率密度関数と呼ばれ，次の性質をもっています（関根泰次「電力系統工学」）．

$$f(x)>0, \quad \int_{-\infty}^{\infty} f(x)\mathrm{d}x = 1 \tag{付3・1}$$

すなわち$f(x)$は正で，xが$-\infty$から∞まで変動するとき，その確率の合計は1となります．

xの平均値μ，分散σ^2 [※6]は次のように求められます．

$$\mu = \int_{-\infty}^{\infty} x f(x)\mathrm{d}x \tag{付3・2}$$

$$\sigma^2 = \int_{-\infty}^{\infty} (x-\mu)^2 f(x)\mathrm{d}x \tag{付3・3}$$

二つの確率変数x_1，x_2が，それぞれ$x_1 \sim x_1+\mathrm{d}x_1$，$x_2 \sim x_2+\mathrm{d}x_2$の間をとる同時確率を$f(x_1, x_2)\mathrm{d}x_1\mathrm{d}x_2$とするとき，を$f(x_1, x_2)$は$x_1$，$x_2$の同時確率分布密度関数と呼ばれます．を$f(x_1, x_2)$が次のように$x_1$だけの関数$f(x_1)$と$x_2$だけの関数$f(x_2)$の積で表されるとき，$x_1$，$x_2$は互いに独立であるといわれます．

$$f(x_1, x_2) = f(x_1) f(x_2) \tag{付3・4}$$

x_1，x_2を二つの独立な確率変数とし，その平均値をμ_1，μ_2，分散をσ_1^2，

[※6]　分散σ^2は，xの平均値μ（ミュー）からのずれの2乗$(x-\mu)^2$の平均値．σ（シグマ）は標準偏差でxの変動量を表します．

σ_2^2 とするとき，x_1+x_2 の平均値 μ，分散 σ^2 は次のようになります．

$$\mu=\mu_1+\mu_2 \tag{付3·5}$$

$$\sigma^2=\sigma_1^2+\sigma_2^2 \tag{付3·6}$$

これは次のようにして確かめられます．

$$\begin{aligned}
\mu &= \int_{-\infty}^{\infty}\int_{-\infty}^{\infty}(x_1+x_2)f(x_1)f(x_2)\mathrm{d}x_1\mathrm{d}x_2 \\
&= \int_{-\infty}^{\infty}\left\{\int_{-\infty}^{\infty}x_1 f(x_1)\mathrm{d}x_1\right\}f(x_2)\mathrm{d}x_2 \\
&\quad + \int_{-\infty}^{\infty}\left\{\int_{-\infty}^{\infty}x_2 f(x_2)\mathrm{d}x_2\right\}f(x_1)\mathrm{d}x_1 \\
&= \int_{-\infty}^{\infty}\mu_1 f(x_2)\mathrm{d}x_2 + \int_{-\infty}^{\infty}\mu_2 f(x_1)\mathrm{d}x_1 \\
&= \mu_1+\mu_2 \tag{付3·7}
\end{aligned}$$

$$\begin{aligned}
\sigma^2 &= \int_{-\infty}^{\infty}\int_{-\infty}^{\infty}\{(x_1+x_2)-(\mu_1+\mu_2)\}^2 f(x_1)f(x_2)\mathrm{d}x_1\mathrm{d}x_2 \\
&= \int_{-\infty}^{\infty}\int_{-\infty}^{\infty}\{(x_1-\mu_1)^2+(x_2-\mu_2)^2+2(x_1-\mu_1)(x_2-\mu_2)\} \\
&\quad \times f(x_1)f(x_2)\mathrm{d}x_1\mathrm{d}x_2 \\
&= \int_{-\infty}^{\infty}\left\{\int_{-\infty}^{\infty}(x_1-\mu_1)^2 f(x_1)\mathrm{d}x_1\right\}f(x_2)\mathrm{d}x_2 \\
&\quad + \int_{-\infty}^{\infty}\left\{\int_{-\infty}^{\infty}(x_2-\mu_2)^2 f(x_2)\mathrm{d}x_2\right\}f(x_1)\mathrm{d}x_1 \\
&\quad + \int_{-\infty}^{\infty}\int_{-\infty}^{\infty}2(x_1-\mu_1)(x_2-\mu_2)f(x_1)f(x_2)\mathrm{d}x_1\mathrm{d}x_2 \\
&= \sigma_1^2+\sigma_2^2 \tag{付3·8}
\end{aligned}$$

これに，x_3，x_4，……を一つずつ加えていけば，結局 n 個の確率変数 x_1，x_2，……，x_n の分散が σ_1^2，σ_2^2，……，σ_n^2 のとき，$x_1+x_2+\cdots\cdots+x_n$ の分散 σ^2 は，

$$\sigma^2=\sigma_1^2+\sigma_2^2+\cdots\cdots+\sigma_n^2 \tag{付3·9}$$

となります．すべての分散が等しければ，

$$\sigma^2=n\sigma_1^2 \tag{付3·10}$$

$$\sigma=\sqrt{n}\sigma_1 \tag{付3·11}$$

標準偏差 σ は x の変動量を表し，同じ大きさの変動負荷が n 個合成される

と変動量は$\sqrt{n}$倍となります．

系統容量がP_1〔kW〕，負荷変動がΔP_1〔kW〕，負荷変動率v_1が，

$$v_1 = \frac{\Delta P_1}{P_1} \times 100\ \% \tag{付3・12}$$

の系統をn個合成すると，系統容量はnP_1，負荷変動は$\sqrt{n}\,\Delta P_1$となりますから負荷変動率vは，

$$\begin{aligned} v &= \frac{\sqrt{n}\Delta P_1}{nP_1} \times 100\ \% \\ &= \frac{v_1}{\sqrt{n}} \times 100\ \% \end{aligned} \tag{付3・13}$$

もとの系統の$1/\sqrt{n}$倍となります．

同様に，系統容量P_1，負荷変動の標準偏差がσ_1の系統をn個合成した系統は，

$$\text{系統容量}\ P = nP_1 \tag{付3・14}$$

$$\text{負荷変動の標準偏差}\ \sigma = \sqrt{n}\sigma_1 = \frac{\sigma_1}{\sqrt{P_1}}\sqrt{P} \tag{付3・15}$$

となり，負荷変動の標準偏差σは，系統容量Pの平方根$\sqrt{P}$に比例することになります．

第4章

電力系統の電圧特性

要　旨

◆　電力系統では，系統電圧の安定運転を図って需要家への供給電圧を適正に維持するために，主要な発電所や変電所の電圧に運用目標値を設定し，発電機，電力用コンデンサ，分路リアクトル，変圧器タップなどの電圧，無効電力調整設備によって目標電圧を維持するように制御しています．

◆　送電線の送受電端間の電圧降下は，流れる電流に比例して増加しますが，電力潮流よりも無効電力潮流が大きく影響します．

◆　電力Pは電圧Vと電流Iの積（$P=VI$）ですから，一定の電力を送電するとき，電圧Vを2倍にすると電流は1/2になり，電圧降下$\varDelta V$も1/2になり，電圧降下率$\varDelta V/V$は1/4になります．送電電力が一定のとき，電圧階級が高いほど電圧降下率は小さくなります．

◆　電力系統に電力用コンデンサを接続すると無効電力が供給されて電圧が上昇し，分路リアクトルを接続すると無効電力を消費して電圧が低下します．

◆　長距離送電線で大電力を負荷に送電すると，負荷端の電圧が大幅に低下し，負荷変動や送電線の1回線停止などの系統じょう乱に際して，負荷への供給電圧を正常値に維持できなくなる

ことがあります．これは電圧不安定現象と呼ばれています．
- ◆ 電圧不安定を防止するためには，電源と負荷の地域別バランスによる長距離重潮流送電の回避，送電線の多回線化，無効電力の地域別バランスなどが有効です．
- ◆ 電力系統では，無効電力の発生と消費のバランスが崩れると，電圧が異常に低下または上昇しますので，地域ごとに無効電力のバランスをとって，適正電圧の維持を図る必要があります．

4・1　電圧制御の目標

(1) 系統電圧変化の要因と影響

電力系統の電圧は，日間から年間にわたる各地域の電力需要の変化，発電力の変化，系統構成の変化に伴って変化しています．

電力系統の電圧が低すぎると，①電力機器の安定運転が阻害され，②系統の同期安定度が低下し，③電圧安定性が低下し，④送電容量が低下し，⑤送配電線の電力損失が増加します．逆に電圧が高すぎると，①電力機器が劣化し，②変圧器の電圧がひずむなどの支障を生じます．

したがって，電力系統の電圧はこれらの支障を生じないように，適正な範囲に維持する必要があります．表4・1は，電力機器の電圧許容限界のおよその目安で，定格電圧の±5％以内であれば特に支障はないようです．

表4・1　電力機器の電圧許容限度の概略値

機器	連続許容限度(%)[※1]		例
	上限	下限	
電力系統機器	5〜10	−5以下	同期発電機，変圧器など
産業用機器	5〜10	−5〜10以下	電動機，自動制御機器，電子計算機
家電機器	10	−10	テレビ，洗濯機，冷蔵庫，パソコン

〈※1〉　機器の定格電圧に対する%
〈※2〉　電気学会報告「電力系統の電圧・無効電力制御」

(2) 電圧制御の目標と調整方法

電力系統の運転にあたっては，系統全体の電圧を適正に維持するために，

主要な発電所と変電所に運用目標電圧あるいは運用目標無効電力潮流を設定して，これを維持するように努めています．

低圧需要への供給電圧は，供給場所において，表4・2のような維持目標値が定められています（電気事業法）．

表4・2 低圧供給電圧の維持目標

標準電圧	維持すべき値
100 V	101 V±6 V 以内
200 V	202 V±20 V 以内

〈※1〉 電気事業法第26条, 同施行規則第44条

その他の電圧階級については，統一的な基準値はありませんが，各地域の系統ごとに電圧調整装置を有する主要変電所や発電所に基準電圧を設定しています．

電力系統の電圧，無効電力調整設備には，主に次のようなものがあります（表4・3）．

① 電力系統に供給する無効電力を調整するもの
　電力用コンデンサ，分路リアクトル，同期調相機，同期発電機
② 電圧変成比を調整するもの
　タップ切換変圧器

表4・3 電圧・無効電力調整設備

分類	調整設備	調整方法
① 電力系統に供給する無効電力を調整する方法	・電力用コンデンサSC	コンデンサを開閉して，系統に供給する無効電力を調整する
	・分路リアクトルSR	分路リアクトルを開閉して，系統から吸収する無効電力を調整する
	・同期調相機RC ・同期発電機SG	同期機の励磁（界磁電流）を変えて，系統に供給する無効電力を調整する
② 電圧変成比を調整する方法	・タップ切換変圧器	コイルのタップを切り換えて，変圧器の電圧変成比(巻数比)を調整する

4・2 送電線の電圧特性

(1) 送電線の電圧降下

送電線に交流電流Iを流すと,電線の電気抵抗Rによる電圧降下V_Rと,電線の周りにできる磁界の変化に伴う電磁誘導電圧による電圧降下V_Xが生じます.

V_RとV_Xは位相が90°ずれていることを考慮して合成すると,送電線の送電端電圧V_sと受電端電圧V_rの大きさの差V_dは,送受電端電圧の差が大きくないときは,単位法(以下この章では特に断りのないかぎり単位法表示)で近似的に次のように表すことができます(図4・1,付録4・1).

$$V_d = V_s - V_r \fallingdotseq \frac{RP_r + XQ_r}{V_r} \tag{4・1}$$

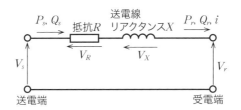

図4・1 送電線の電圧降下

ここに,R:送電線の電気抵抗(V_RとIの比),X:送電線のリアクタンス(V_XとIとの比),P_r, Q_r:受電端の電力,無効電力

また,送電端電圧と受電端電圧の相差角δは近似的に次のように表されます.

$$\delta \fallingdotseq \frac{XP_r - RQ_r}{V_s V_r} \, \text{[rad]} \tag{4・2}$$

ここに,δは,360°=2π[rad(ラジアン)][※1]と角度を弧度法で表したものです.

※1　1 rad=360/2π≒57.3°

さらに，一次系統の送電線では，RはXに比べて十分小さいので近似的にこれを省略し，電圧が基準値に近い場合は，$V_s ≒ V_r ≒ 1$ p.u.として，次のように表されます．

$$\left.\begin{array}{l} V_d ≒ XQ_r \text{〔p.u.〕} \\ \delta ≒ XP_r \text{〔rad〕} \end{array}\right\} \tag{4・3}$$

たとえば，275 kV，100 km，1回線送電線のリアクタンスXは，基準容量を1 000 MV・Aとすると$X=0.4$ p.u.程度ですから，この送電線の受電端に電力500 MW，無効電力100 Mvarを流したときの電圧降下V_d，相差角δは，$P_r=0.5$，$Q_r=0.1$として，次のように求められます．

$$V_d ≒ XQ_r = 0.4 \times 0.1 = 0.04 \text{ p.u.} = 4\,\%$$
$$\delta ≒ XP_r = 0.4 \times 0.5 = 0.2 \text{ rad} = 0.2 \times 57.3 = 11.5°$$

(2) 送電線の電圧特性

以上のことから，送電線の電圧については，次のような特徴があります．

(a) 電圧降下

電圧降下V_dは(4・1)式から，基準電圧付近では，電力P_rによる抵抗分降下RP_rと，無効電力Q_rによるリアクタンス分降下XQ_rの和となります．送電端電圧一定の場合は，受電端にコンデンサを投入してΔQの無効電力を供給すれば，電圧は$X\Delta Q$〔p.u.〕程度上昇します．

(b) 電圧降下率

一定の電力を一定距離送電するときの電圧降下率は，概略，送電電圧の2乗に反比例します．R〔Ω〕，X〔Ω〕が電圧階級にかかわらずほぼ一定とすれば，一定のP_r〔kW〕，Q_r〔kvar〕を送電する場合の電圧降下率は，

$$\frac{V_d}{V_r} ≒ \frac{RP + XQ}{V_r^2} \tag{4・4}$$

これは，電圧が2倍になると電流は1/2となって，電圧降下は1/2となりますが，これを2倍の電圧で割ると1/4になるからです．たとえば，ある電力を154 kVで送電したときの電圧降下率をv_{154}とすれば，これと等量の電力を275 kVで送電したときの電圧降下率v_{275}は，その0.3倍程度となります．

$$v_{275} = v_{154}\left(\frac{154}{275}\right)^2 = 0.32 v_{154}$$

　実際の送電線では，X〔Ω〕は電圧階級によって大きな差はありませんが，R〔Ω〕は電圧階級が高くなるほど太い，すなわちRの小さい電線が使われているから，電圧降下率は電圧が高くなるとさらに小さくなります．一定の電力を一定距離送電するときの送受電端電圧の相差角についても，同様にほぼ送電電圧の2乗に反比例します．

(c) 電力輸送量と電圧降下

　電圧降下は，電力輸送量（kW・km）によってほぼ決まります．こう長L〔km〕の送電線の抵抗R，リアクタンスXは，

$$\left.\begin{array}{l} R = rL \\ X = xL \end{array}\right\} \tag{4・5}$$

ここに，r, x：1 km 当たりの抵抗，リアクタンス〔p.u.〕
したがって，

$$V_d \fallingdotseq \frac{P_r L\left(r + x\dfrac{Q_r}{P_r}\right)}{V_r} \tag{4・6}$$

　潮流の力率，つまりQ_r/P_rを一定とすれば，電圧降下は電力輸送量$P_r L$に比例することになります．ある電圧階級の電圧降下は，10万kWを100 km送電する場合と，20万kWを50 km送電する場合は，ほぼ等しくなります．これは送受電端電圧の相差角についても同様です．

4・3　電圧安定性

(1) 電圧安定限界

　4・2では，短距離の軽潮流送電線で，送受電端電圧が基準値に近く，電圧降下が大きくない場合について述べましたが，長距離の重潮流送電線では，電圧降下が大きくなり，負荷のわずかな増加や送電線の1回線停止など，なんらかの系統じょう乱時に電圧変動が大きくなって，安定運転ができないような，いわゆる電圧不安定となることがあります．

4・3 電圧安定性

系統になんらかのじょう乱があったとき，電圧があらたな平衡点に落ち着く系統の能力，あるいはそれに関連した性質は，系統の電圧安定性と呼ばれています[※2]．

最も簡単な図4・1の送電線の電圧安定限界を求めてみます．送電端電圧 V_s を一定としたとき，受電端電圧 V_r は受電電力 P_r によって次のように表されます(付録4・2)．

$$V_r^2 = \frac{V_s^2}{2} - \frac{ZP_r\cos(\alpha-\theta)}{\cos\theta} \pm \sqrt{\left\{\frac{V_s^2}{2} - \frac{ZP_r\cos(\alpha-\theta)}{\cos\theta}\right\}^2 - \left(\frac{ZP_r}{\cos\theta}\right)^2} \tag{4・7}$$

ここに，Z：送電線のインピーダンスの大きさ $\left(=\sqrt{R^2+X^2}\right)$，$\alpha$：送電線のインピーダンスの位相角（$=\tan^{-1}(X/R)$[※3]），$\theta=$ 受電端潮流の力率角（$=\tan^{-1}(Q_r/P_r)$）

図4・2は，(4・7)により，代表的な154 kV，275 kV，500 kVの100 km，1回線送電線について，送電端電圧 $V_s=1$ p.u.（一定）として受電端電力 P_r（力率=1.0）と受電端電圧 V_r（送電端電圧の倍数として表示）の関係を示したものです．各電圧とも受電端の無効電力は0ですから，$P_r=0$，$V_r=1$

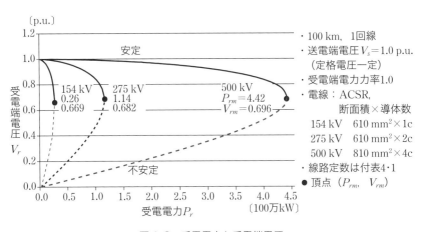

図4・2 受電電力と受電端電圧

[※2] 電気協同研究会「電力系統安定運用技術」(第47巻第1号，1991年)
[※3] $\tan\alpha = \sin\alpha/\cos\alpha = X/R$

の点からP_rが増加したとき，P_rが小さい範囲ではV_rはほとんど変化しませんが，P_rの増加に伴ってV_rは低下し，限界電力P_{rm}，限界電圧V_{rm}に近づくと，V_rは急激に低下して，安定運転ができない電圧不安定状態に近づきます．これは，P_rが増えると電流が増えて受電端電圧が下がり，電圧低下→電流増加→電圧低下→…と連鎖的に受電端電圧が低下するためです．

電圧不安定現象は，電圧が変わっても消費電力が変わらない定電力負荷の場合に起こりやすいようです．受電端変圧器のタップ制御で負荷に近い二次側電圧を一定目標値に維持している場合も定電力負荷となります．

$P_r=0$，$V_r=1$の点からP_{rm}，V_{rm}までの実線部分は，(4・7)式の±符号の＋側の値で，高め解と呼ばれており，電圧安定領域です．この領域では，負荷を増加すると電流が増加し，受電端電圧V_rがすこし低下しますが，受電電力P_rも増加して安定に運転できます．

これに対して限界電圧V_{rm}から下半分の点線部分は，電圧不安定領域で，(4・7)式の±符号の－側の値で低め解と呼ばれています．この領域では，負荷を増加すると電流が増加し，送電線の電圧降下が増加して受電端電圧V_rが大幅に低下するために，安定な運転ができません．

P_rとV_rの関係はP－Vカーブまたは，鼻のような形をしていることからノーズカーブと呼ばれています．頂点が限界電力P_{rm}，限界電圧V_{rm}です．

図4・2で限界電力P_{rm}は，154 kVでは26万kW，275 kVでは110万kW，500 kVでは440万kW程度で，ほぼ電圧の2乗に比例して増加しています．これは送電線のみの限界で，送受電端に変圧器などがあればその分のインピーダンスが増加するために，限界電圧はこれより減少します．

図4・3は，275 kV，100 km 1回線送電線について，受電電力の力率を変えた場合のP－Vカーブの一例です．遅れ力率0.9では，P_rの増加に伴ってV_rは急速に低下しますが，進み力率0.9では，P_rの増加に伴ってV_rは上昇しています．電圧降下は受電端の無効電力受電が大きいほど大きく，進み力率すなわち受電端から無効電力を送り出すと電圧降下は改善され，限界電力は大幅に増加しています．

表4・4は，同期安定度と電圧安定性の比較です．同期安定度は連系された同期発電機どうしが等しい同期速度での運転を維持できる度合いで，電

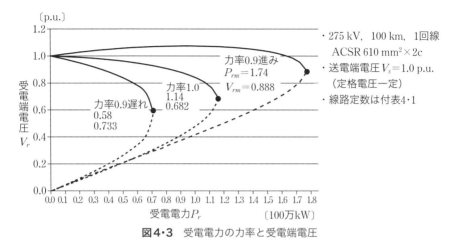

図4・3 受電電力の力率と受電端電圧

表4・4 同期安定度と電圧安定性の比較

	同期安定度	電圧安定性
定義例	・故障, 負荷変動などの電力系統のじょう乱に際して, 連系された同期発電機が同期運転を維持できる度合い	・故障, 負荷変動などの電力系統のじょう乱に際して, 負荷への供給電圧を正常値に維持できる度合い
不安定例	・長距離大電力送電線で結ばれた同期発電機の電圧位相角が開いて, 等しい回転数で運転できなくなり, 系統電圧が大幅に動揺して不安定となる	・発電機から長距離大電力送電線で負荷に供給している系統で, 負荷の増加に伴って供給電圧が低下して, 正常な電圧が維持できなくなる

圧安定性は負荷への供給電圧を正常範囲に維持できる度合いです. いずれも長距離大電力送電系統で起こりやすくなります.

(2) 電圧安定化対策

実系統の大規模な電圧低下としては, 1987年の夏季重負荷期に関東地方の500 kV系統で, 基準電圧の20 %程度以上の電圧異常低下により, 大規模停電が発生しています[※4].

電圧不安定を防止するためには, 次のような対策が有効です.

① 適正な電源の出力配分, 負荷の供給区分によって, 極端な重潮流送電

※4 電気学会技術報告743号「電力系統の電圧無効電力制御」(1999年9月)

を回避する

② 送電線の電圧格上げ，多回線化，変圧器容量の増強などによって，電源と負荷の間のインピーダンス[※5]を低減する

③ 無効電力調整設備を適正に配置して，地区ごとに無効電力の発生と消費のバランスをとり，長距離送電線に過大な無効電力を流さないようにする

④ 電力需要の大きい時点では，系統電圧を高めに維持して送電線などの無効電力損失を減少させ，電力用コンデンサの無効電力発生を増加する

4・4 無効電力バランス

電力系統では，一般の負荷や分路リアクトルのように無効電力を消費する設備と，電力用コンデンサや発電機のように無効電力を発生する設備があります（表4・5）．

表4・5 無効電力の発生と消費

	消費要素	発生要素
① 容易に調整できない無効電力	・負荷の消費分 ・送電線，変圧器の消費分	・送電線の発生分（充電容量[※1]）
② 容易に調整できる無効電力	・発電機の進相運転分 ・同期調相機の進相運転分 ・分路リアクトル	・発電機の遅相運転分 ・同期調相機の遅相運転分 ・電力用コンデンサ

〈※1〉 三相の電線間の静電容量がコンデンサの働きをして発生する無効電力．ケーブル送電線が大きい．

電力系統で無効電力を消費するとその地点の電圧は低下し，無効電力を供給すると電圧は上昇します．

ある地域の無効電力が不足すると電圧が低下し，系統電圧を適正に維持できなくなります．逆に，無効電力が過剰になると電圧が上昇しすぎていろいろと支障が生じます．

無効電力の過不足による電圧の変化は，電力系統の比較的狭い地域にと

※5 インピーダンス：送電線などの電圧降下と電流の比

どまるから，各地点の電圧を適正値に維持するためには，系統の地域ごとに無効電力の需給バランスをとる必要があります．

　これは，電力系統の周波数と電力の発電と消費のバランスの影響が全系統に及び，系統全体として需給バランスがとれていれば全系統の周波数が安定化するのと対照的です．

　無効電力の発生と消費は，各地域の電源と負荷の大きさ，送電線や変電所の構成，電力潮流などによって変化しますから，現状および将来の電力系統について，無効電力の需給バランスをとって，系統電圧の適正化を図る必要があります．

付録4・1　送電線の電圧降下

付図4・1で，送電線の送電端電圧v_sと受電端電圧v_rの間には次のような関係があります（以下，付録4・1，4・2は単位法）．

$$v_s = v_r + v_R + v_X \tag{付4・1}$$

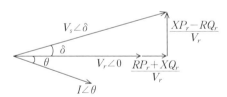

付図4・1　送受電端電圧ベクトル

ここに，

$$v_s = \sqrt{2} V_s \cos(\omega t + \delta) \tag{付4・2}$$
$$v_r = \sqrt{2} V_r \cos \omega t \tag{付4・3}$$

　　V_s：v_sの実効値，V_r：v_rの実効値，δ：v_rを基準としたv_sの位相角

　　v_R：送電線の抵抗分Rによる電圧降下
$$(= Ri = \sqrt{2} RI \cos(\omega t - \theta)) \tag{付4・4}$$

　　v_X：送電線のリアクタンス分Xによる電圧降下
$$(= Xi = \sqrt{2} XI \cos(\omega t - \theta + 90°) = -\sqrt{2} XI \sin(\omega t - \theta))$$

i:送電線の電流$(=\sqrt{2}\,I\cos(\omega t-\theta))$ (付4・5)
(付4・6)

I:送電線の電流の実効値,θ:v_rを基準とした電流の位相角(力率角)

したがって,送電端電圧v_Sは(付4・1〜4・6)より次のように表せます.

$$\begin{aligned}
v_s &= v_r + v_R + v_X \\
&= \sqrt{2}V_r\cos\omega t + \sqrt{2}RI\cos(\omega t - \theta) - \sqrt{2}XI\sin(\omega t - \theta) \\
&= \sqrt{2}V_r\cos\omega t + \sqrt{2}RI(\cos\omega t\cos\theta + \sin\omega t\sin\theta) \\
&\quad - \sqrt{2}XI(\sin\omega t\cos\theta - \cos\omega t\sin\theta) \\
&= \sqrt{2}\{V_r + (RI\cos\theta + XI\sin\theta)\}\cos\omega t \\
&\quad - \sqrt{2}(XI\cos\theta - RI\sin\theta)\sin\omega t
\end{aligned}$$
(付4・7)

受電端電力P_r,無効電力Q_rは,

$$\left.\begin{aligned}P_r &= V_r I\cos\theta \\ Q_r &= V_r I\sin\theta\end{aligned}\right\}$$
(付4・8)

これを(付4・7)に代入して,

$$v_s = \sqrt{2}\left(V_r + \frac{RP_r + XQ_r}{V_r}\right)\cos\omega t - \sqrt{2}\left(\frac{XP_r - RQ_r}{V_r}\right)\sin\omega t$$
(付4・9)

ここで,

$$\left.\begin{aligned}A &= \sqrt{\left(V_r + \frac{RP_r + XQ_r}{V_r}\right)^2 + \left(\frac{XP_r - PQ_r}{V_r}\right)^2} \\ \cos\delta_1 &= \frac{V_r + \dfrac{RP_r + XQ_r}{V_r}}{A} \\ \sin\delta_1 &= \frac{\dfrac{XP_r - RQ_r}{V_r}}{A}\end{aligned}\right\}$$
(付4・10)

とおけば,

$$\begin{aligned}v_s &= \sqrt{2}A(\cos\delta_1\cos\omega t - \sin\delta_1\sin\omega t) \\ &= \sqrt{2}A\cos(\omega t + \delta_1)\end{aligned}$$
(付4・11)

(付4・2)と(付4・11)を比較して，$V_s=A$，$\delta=\delta_1$ となり，次式が得られます．

$$V_s = \sqrt{\left(V_r + \frac{RP_r + XQ_r}{V_r}\right)^2 + \left(\frac{XP_r - PQ_r}{V_r}\right)^2} \qquad (付4\cdot12)$$

$$\sin\delta = \frac{XP_r - RQ_r}{V_s V_r} \qquad (付4\cdot13)$$

送受電端電圧の差が大きくないときは，

$$\left(V_r + \frac{RP_r + XQ_r}{V_r}\right)^2 \gg \left(\frac{XP_r - RQ_r}{V_r}\right)^2 \qquad (付4\cdot14)$$

となるから(付4・12)は近似的に，

$$V_s \fallingdotseq V_r + \frac{RP_r + XQ_r}{V_r} \qquad (付4\cdot15)$$

電圧降下 V_d は，

$$V_d = V_s - V_r \fallingdotseq \frac{RP_r + XQ_r}{V_r} \qquad (付4\cdot16)$$

さらに，$V_r \fallingdotseq 1$ p.u.の場合は，

$$V_d \fallingdotseq RP_r + XQ_r \qquad (付4\cdot17)$$

相差角 δ が小さいときは，(付4・13)で $\sin\delta \fallingdotseq \delta$ 〔rad〕，さらに $V_s \fallingdotseq V_r \fallingdotseq 1$ p.u.のときは，

$$\begin{aligned}\delta &\fallingdotseq \frac{XP_r - RQ_r}{V_s V_r}\\ &\fallingdotseq XP_r - RQ_r\end{aligned} \qquad (付4\cdot18)$$

付録4・2　電 圧 安 定 性

(1)　受電電力と受電端電圧

送電端電圧 V_s を一定として，受電端電力と受電端電圧の関係を求めてみます．

(付4・12)の両辺を2乗して V_r^2 をかけますと，

$$V_s^2 V_r^2 = \{V_r^2 + (RP_r + XQ_r)\}^2 + (XP_r - RQ_r)^2 \qquad (付4\cdot19)$$

ここで，送電線のインピーダンスの大きさをZ，位相角をαとすれば(付図4・2)，

$$
\left.\begin{aligned}
R &= Z\cos\alpha \\
X &= Z\sin\alpha \\
Z^2 &= R^2 + X^2
\end{aligned}\right\} \quad (\text{付}4\cdot20)
$$

受電端潮流の皮相電力をS_r，力率角をθとすれば(付図4・3)，

$$
\left.\begin{aligned}
P_r &= S_r\cos\theta \\
Q_r &= S_r\sin\theta \\
S_r^2 &= P_r^2 + Q_r^2
\end{aligned}\right\} \quad (\text{付}4\cdot21)
$$

付図4・2 送電線のインピーダンス

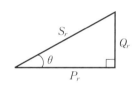

付図4・3 受電端潮流

$$
\left.\begin{aligned}
RP_r + XQ_r &= \frac{ZP_r\cos(\alpha-\theta)}{\cos\theta} \\
XP_r - RQ_r &= \frac{ZP_r\sin(\alpha-\theta)}{\cos\theta}
\end{aligned}\right\} \quad (\text{付}4\cdot22)
$$

(付4・22)を(付4・19)に代入して，

$$
\begin{aligned}
V_s^2 V_r^2 &= \left(V_r^2 + \frac{ZP_r\cos(\alpha-\theta)}{\cos\theta}\right)^2 + \frac{Z^2 P_r^2 \sin^2(\alpha-\theta)}{\cos^2\theta} \\
&= V_r^4 + \frac{2V_r^2 ZP_r\cos(\alpha-\theta)}{\cos\theta} + \frac{Z^2 P_r^2}{\cos^2\theta}
\end{aligned} \quad (\text{付}4\cdot23)
$$

変形して，

$$
V_r^4 - \left(V_s^2 - \frac{2ZP_r\cos(\alpha-\theta)}{\cos\theta}\right)V_r^2 + \frac{Z^2 P_r^2}{\cos^2\theta} \quad (\text{付}4\cdot24)
$$

これより，

$$V_r^2 = \frac{V_s^2}{2} - \frac{ZP_r\cos(\alpha-\theta)}{\cos\theta} \pm \sqrt{\left(\frac{V_s^2}{2} - \frac{ZP_r\cos(\alpha-\theta)}{\cos\theta}\right)^2 - \left(\frac{ZP_r}{\cos\theta}\right)^2}$$

(付4・25)

(2) 電圧安定限界

P_rの最大値点すなわち安定限界電力P_{rm}では，$dV_r^2/dP_r = \infty$ であり，(付4・25)をP_rで微分して，

$$\frac{dV_r^2}{dP_r} = -\frac{Z\cos(\alpha-\theta)}{\cos\theta}$$
$$\pm \frac{2\left(\frac{V_s^2}{2} - \frac{ZP_r\cos(\alpha-\theta)}{\cos\theta}\right)\left(-\frac{Z\cos(\alpha-\theta)}{\cos\theta}\right) - \frac{2Z^2P_r}{\cos^2\theta}}{2\sqrt{\left(\frac{V_s^2}{2} - \frac{ZP_r\cos(\alpha-\theta)}{\cos\theta}\right)^2 - \left(\frac{ZP_r}{\cos\theta}\right)^2}}$$
$$= \infty$$

(付4・26)

$$\therefore \left(\frac{V_s^2}{2} - \frac{ZP_r\cos(\alpha-\theta)}{\cos\theta}\right)^2 - \left(\frac{ZP_r}{\cos\theta}\right)^2 = 0 \qquad (\text{付}4\cdot27)$$

これより，

$$P_{rm} = \frac{V_s^2\cos\theta}{2Z\{\cos(\alpha-\theta)+1\}} \qquad (\text{付}4\cdot28)$$

このときの受電端電圧すなわち安定限界電圧V_{rm}は，(付4・25)，(付4・27)，(付4・28)より，

$$V_{rm}^2 = \frac{ZP_{rm}}{\cos\theta} = \frac{V_s^2}{2\{\cos(\alpha-\theta)+1\}} \qquad (\text{付}4\cdot29)$$

$$V_{rm} = \frac{V_s}{\sqrt{2\{\cos(\alpha-\theta)+1\}}} \qquad (\text{付}4\cdot30)$$

ここで，送電線の抵抗分を省略して$\alpha = 90°$，受電端力率$\cos\theta = 1$，$\theta = 0$とすれば，次のようになります．

$$P_{rm} = \frac{V_s^2}{2X} \\ V_{rm} = \frac{V_s}{\sqrt{2}} \Biggr\} \quad\quad\quad\quad\quad (付4\cdot31)$$

(3) 電圧安定性と電圧電流ベクトル

付図4·1で送電線の抵抗Rを無視し，受電力率1.0の場合の電圧，電流ベクトルは付図4·4となり，次の関係があります．

$$V_r = V_s \cos\delta \quad\quad\quad\quad\quad (付4\cdot32)$$

$$XI = V_s \sin\delta \quad\quad\quad\quad\quad (付4\cdot33)$$

$$P_r = V_r I = V_s \cos\delta \frac{V_s}{X}\sin\delta = \frac{V_s^2}{2X}\sin 2\delta \quad^{※6} \quad (付4\cdot34)$$

V_rとIは同相，V_rと電圧降下XIは90°の位相差があります．

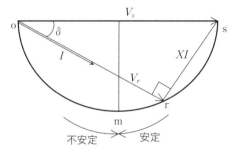

付図4·4 送電線の電圧電流ベクトル（抵抗分無視，受電力率1.0）

P_rは次のように，三角形osrの面積に比例しています．

$$P_r = \frac{V_s V_r}{X}\sin\delta = \frac{2\triangle\mathrm{osr}}{X} = \frac{V_r^2}{R_L} \quad\quad (付4\cdot35)$$

R_Lは負荷の抵抗値です．

V_sを一定として電流を0から増やしたとき，r点はs→m→oと変化し，m点でP_rは最大となり，$R_L = X$となります．

これを図示すると付図4·5となります．δの増加に伴ってIは増加し，V_rは低下します．P_rはV_rとIの積で，$\delta = 45°$のとき最大値P_{rm}をとります．

※6 $\sin 2\delta = 2\sin\delta\cos\delta$

$\delta=0\sim45°$の間では,負荷を増加(R_Lを減少)すると電流Iが増加してP_rも増加し,安定に運転できます.しかし,$\delta=45\sim90°$の間では,負荷を増加(R_Lを減少)すると電流Iは増加するが電圧降下XIが増加して電圧V_rが低下するために,P_rは減少して負荷を増加できず,安定な運転ができません.

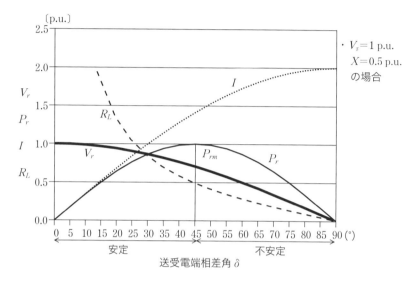

付図4・5 受電端電圧電流

(4) 送電線定数例

付表4・1 送電線定数(図4・2,図4・3の送電線 100 km,1回線)

基準電圧〔kV〕	導体断面積×各相導体数〔ACSR, mm²〕	インピーダンス〔1 000 MVA基準p.u., °〕			
		R	X	Z	α
154	610×1	0.2000	1.6900	1.7020	83.3
275	610×2	0.0310	0.4070	0.4080	85.6
500	810×4	0.0036	0.1096	0.1097	88.6

第5章

電力系統の連系特性

要　旨

- 電力系統は連系によって，供給予備率の節減，大形電源導入によるスケールメリット，周波数変動の低減，各種電源の総合経済運用などのメリットがありますが，一方，連系による系統安定度の低下，広範囲大停電事故の可能性などの問題点が生じます．
- 系統連系方法には，交流連系と直流連系があります．日本では各地域の電力会社系統間は，交流または直流で連系されていますが，各系統間の交流連系は1点で行われています．
- アメリカでは，メッシュ状に張り巡らされた送電線からなる大規模交流系統が直流で連系されています．
- ヨーロッパ大陸の西中欧系統では，各国間が複数箇所でメッシュ状に連系されており，北欧系統とイギリス系統とは海底ケーブルで直流連系されています．
- 欧米系統では，近年の電力自由化による電力取引量の増加に伴って，連系線潮流が増加し，送電線事故停止時にそこに流れていた潮流がほかの送電線に回り込んで過負荷となり，送電線が次々にドミノ状に停止する広範囲の大停電事故が発生しており，大規模連系系統の系統信頼度の確保に重点がおかれています．

5・1 系統連系の得失

(1) 系統連系のメリット

電力系統は，多くの発電所，送配電線，変電所，負荷が有機的に密接に連系され，一体として運用されている電力設備のシステムです．多くの場合，企業別，または国別に1個の独立した電力系統をつくっています．

電力系統連系は，複数の独立した電力系統を，電気的に接続して運用することです．

電力系統を連系すると，次のようなメリットが生まれます．

① 供給予備率を削減できます．二つの系統を合成した合成最大電力は，それぞれの系統の最大電力（一般的に発生時刻が異なります）の合計より小さくなります．したがって，それぞれの系統の最大電力に対する所要供給力の合計よりも，合成最大電力に対する連系系統総合の所要供給力が低くなります．また，最大電源ユニット1台脱落時に対応した供給予備率も，連系系統が大きくなるほど小さくできます．したがって連系によって所要供給予備率は減少することができ，電源設備を削減できます．

② 大形電源の開発導入によるスケールメリットが得られます．連系前にはそれぞれの系統が最大電源ユニット相当の供給予備力をもつ必要がありましたが，連系後は合成最大電力に対して最大電源ユニット相当の予備力をもてばよく，所要供給予備率は大幅に低減します．したがって連系によって供給予備率は大幅に低減でき，より経済的な大形の電源導入によるスケールメリットが得られます．

③ 周波数変動を低減できます．系統連系によって系統容量が拡大すると，系統全体の需要変動率が減少し，系統周波数変動を低減できます．

④ 電源の総合運用により経済性が向上できます．各種の水力，火力，原子力，再生可能エネルギー電源を総合的に運用することによって，経済性を向上できます．

(2) 系統連系の問題点

系統連系によって次のような点が問題となるおそれがあるので，これに

対する対策が必要となります．

① 連系用設備の設置が必要となります．連系するための送電線，変圧器，交直連系装置などの連系設備のほか，関連する送電系統の設備増強が必要となる場合があります．また，連系系統を安定に運用するための周波数，電圧および連系線潮流の制御装置，連系系統運用体制の整備が必要となります．

② 系統安定度が不安定となる場合があります．交流連系によって系統が拡大し，連系潮流が増加すると，同期安定度が維持できなくなることがあり，この面から連系潮流が制約されるおそれがあります．

③ 連系系統の広範囲事故に波及する場合があります．1系統で起きた事故などのじょう乱がほかの系統に波及して，広範囲大規模事故に発展することがあります．このような事故波及を防止するために，予防的な系統運用，事故波及防止制御設備が必要となります．

④ 短絡容量が増加します．交流連系によって連系点付近の事故時の短絡電流が増加するため，事故電流を遮断するために，付近の遮断器の取換えが必要となる場合があります．

表5・1　連系方法

連系方法	系統図	日本の適用例
1．交流連系	交流系統1 ― 交流送電線 ― 交流系統2	・直流連系以外の電力会社間連系
2．直流連系	(1) 直流送電線を通しての連系 本州系統 ― 交直変換装置 ― 直流送電線 ― 交直変換装置 ― 北海道系統 (2) 直流送電線のない連系^(※1) 交流系統1 ― 交直変換装置 ― 交直変換装置 ― 交流系統2	・北海道〜本州間直流連系 ・紀伊水道直流連系（関西〜四国間） ・50/60 Hz連系：佐久間，新信濃，東清水 ・非同期連系：南福光（中部〜北陸間）

〈※1〉 BTB(Back to Back，背中合わせ)と呼ばれ，送受電端の二つの交直変換装置が同一地点に設置されます．

5・2 系統連系方法

交流系統を連系するには，交流連系と直流連系の二つの方法があります（表5・1，表5・2）．

(1) 交流連系

交流によって直接連系する方法で，最も広く採用されています．交流連系は，両系統の電圧が等しい場合は連系線を通して直接連系でき，両系統の電圧が異なる場合でも変圧器を通して比較的安価に連系できるために経済的ですが，系統安定度や事故波及の問題に留意する必要があります．また，2点以上で連系する場合は，両地点の連系潮流の回り込みが問題となります（表5・3）．

表5・2 交流連系と直流連系の比較

	交流連系	直流連系
経済性	・1回線の電線が3本で直流送電線より電線数が多いが，交直変換装置が不要で直流連系より経済的な場合が多い	・1回線の電線が2本（大地帰路の場合は1本）で交流送電線より電線数が少なく，海底ケーブルや長距離送電線では交流送電より経済的
安定度	・長距離大電力送電の場合，同期安定度，電圧安定性から送電容量が制約される	・非同期連系で，同期安定度，電圧安定性の問題がない
連系潮流制御	・連系潮流が，両系統の周波数差によって変動する ・多点連系では，連系系統間の潮流が回り込んで，潮流制御が複雑になり，送電線事故時などにドミノ倒しに連系線が遮断されて大停電となることがある	・交直変換装置の制御によって，両系統の周波数にかかわりなく，交流系統と独立して連系潮流が容易かつ高速に制御できる ・多点連系の場合でも，交直連系装置の潮流は，ほかの送電線の潮流に影響されない
短絡容量	・交流連系によって短絡容量が増加し，遮断器の大形化が必要となることがある	・直流連系によって両系統の短絡容量は増加しない
連系装置	・両系統の連系電圧が等しい場合は，連系装置は不要 ・両系統の連系電圧が異なる場合でも，連系点に連系用変圧器（交直連系装置より建設費はきわめて少ない．）を設置するだけで連系可能	・連系する両系統の間に，交流から直流への変換装置と直流から交流への変換装置（いずれも変圧器よりきわめて高価）が必要

表5·3 連系潮流の回り込み

交流2点連系	交流と直流の2点連系
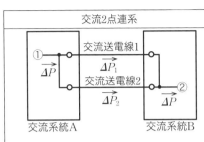	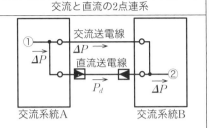
・①地点から②地点に増分電力ΔPを送電する場合，交流送電線1回りと交流送電線2回りの送電こう長にほぼ反比例してΔP_1とΔP_2に分流します（$\Delta P = \Delta P_1 + \Delta P_2$）	・交直変換装置の設定値P_dを変えなければ直流送電線の潮流は変わらず，①地点から②地点に送電する増分電力ΔPはすべて交流送電線を通ります

(2) 直流連系

二つの交流系統を交直変換装置を通して連系する方法で，交流系統の電力を直流に変換し，それを再度交流に変換してほかの交流系統に送電するものです（**付録5·1**）．高価な交直変換装置を必要としますが，次のような特徴があります．

① 1回線の直流送電線に必要な電線は2本で，三相交流送電線の3本より少なく，海底ケーブルや長距離送電など送電線の建設費が高い場合は，交流送電線より経済的となります．

② 交流送電系統の同期安定度や電圧安定性によって送電容量が制約されません．

③ 交流連系の連系点潮流は，両系統の周波数差によって変動し，また多点連系では各連系点の潮流が相互に干渉しますが，直流連系点では交直変換装置の潮流制御によって容易かつ高速に所要値に制御でき，ほかの連系点の潮流に左右されません．

直流送電はこのような特徴を生かして，各国で海底ケーブルによる連系，非同期連系，長距離大電力送電などに用いられています（**付録5·2**）．

また，連系形態としては，図5·1のように(1)放射状連系と(2)ループ状連系があります．ループ状連系は，ヨーロッパ連系系統のように，連系線が

多くの系統間に網状に張り巡らされてメッシュ状に連系していることもあります．ループ状連系では一つの連系線が切れても連系は維持できますが，一つの連系線の潮流変化に伴ってほかの連系線潮流も変化する潮流の回り込みがあり，連系線の潮流調整が複雑になります．

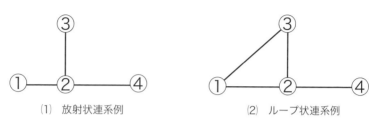

(1) 放射状連系例　　　　(2) ループ状連系例

図5・1　連系形態

5・3　内外の系統連系

(1) 日本の系統連系

図5・2は日本の各地域の電力会社系統間の連系状況です．

連系線の運用容量は，電力系統利用協議会ルール（第9章）に基づき，安定に送電できる上限値で，その決定要因は次のようなものです．

① 熱容量：交直変換装置の定格容量や送電線1回線故障などの一定時間後の健全設備の温度上昇
② 系統安定度：送電線1または2回線故障などの直後の発電機の脱調
③ 電圧安定性：送電線1または2回線故障などの直後の大幅な電圧低下
④ 周波数維持：送電線2回線故障などで系統が分離した直後の周波数低下

連系線の潮流が運用容量を超えると，上記のような故障時に大規模停電や電力設備の損傷にいたるおそれがあります．

交直変換設備は熱容量で決まりますが，その他は地域の連系系統の特性によって，また潮流方向によって異なっています．

50/60 Hz周波数変換設備は，佐久間，新信濃，東清水の3か所合計120万kWで，関東以北の50 Hz系統と中部以西の60 Hz系統を連系しています．

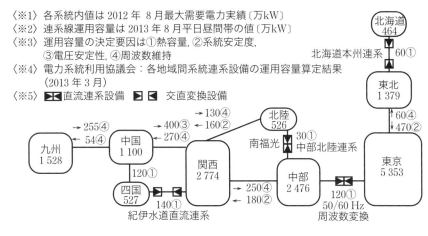

〈※1〉 各系統内値は 2012 年 8 月最大需要電力実績〔万kW〕
〈※2〉 連系線運用容量は 2013 年 8 月平日昼間帯の値〔万kW〕
〈※3〉 運用容量の決定要因は①熱容量，②系統安定度，
　　　③電圧安定性，④周波数維持
〈※4〉 電力系統利用協議会：各地域間系統連系設備の運用容量算定結果
　　　（2013 年 3 月）
〈※5〉 ▶◀直流連系設備　▶◁ 交直変換設備

図 5・2　地域間連系線の運用容量

　北海道本州間連系は，海底ケーブルを通しての連系であり，ケーブル充電電流，系統安定度の影響を受けず，経済的な直流送電が採用されています．中部－北陸間連系（南福光地点）と関西－四国間連系（紀伊水道直流連系）は，交流連系ではループ状連系となって，電力潮流が回り込むし，後者は海底ケーブルでもあることから，直流連系となっています．
　その他は交流連系です．中部－北陸間と関西－四国間は直流連系ですから，交流系統としてみれば串形の放射状連系となっています．

(2)　アメリカ，カナダの系統連系

　アメリカとカナダの電力系統は，東部，西部，テキサス，ケベックの四つの 60 Hz 同期連系系統から構成されています（図 5・3）．

　東部系統は，ロッキー山麓から大西洋に広がる最大電力約 6.6 億 kW と北米最大の系統で，送電線がメッシュ状に張り巡らされた複雑な構成となっており，ほかの 3 連系系統とは直流連系設備を通して連系されています．1967 年から西部系統との交流同期連系が試みられましたが，中西部送電系統が弱いため系統動揺などから交流連系は断念して直流連系が進められました．現在数か所で合計約 150 万 kW の直流連系設備で連系されています．近年，電力自由化に伴って，送電線の利用者が増えて送電潮流が増加しており，東北部では 2003 年に大停電が発生しました．これは，送電線事故

図5・3 アメリカ，カナダの連系系統

時に潮流がほかの送電線に回り込んで送電容量を超過し，次々に送電線が停止して6 180万kW（日本の関東，東北全域に近い規模）が停電しました．その後，系統信頼度基準を厳しくして電力の供給信頼度の確保に重点をおいています．

西部系統は，ロッキー山脈から太平洋にいたる地域をカバーしており，東部連系系統と直流で連系されています．

テキサス系統，ケベック系統は，それぞれ東部系統と直流で連系されています．

このほかに，パシフィック・インタータイ，ネルソンリバー，ケベック・ニューイングランドなど200〜300万kW，1 000 km以上の長距離大電力送電用の直流送電線が運転しています．

(3) ヨーロッパの連系系統

ヨーロッパの連系系統は，西中欧，北欧，イギリス，アイルランドの四つの50 Hz同期連系系統から構成されています（図5・4）．

図5・4　ヨーロッパの連系系統

　西中欧系統は最大電力約4億kWを有するヨーロッパ最大の連系系統で，各国間が複数か所でメッシュ状に連系されており，北欧，イギリス系統とは直流海底ケーブルで連系されています．近年，西中欧系統では，風力発電や電力自由化に伴う電力取引量の増加によって，国際間の潮流が増加していますが，送電線の新設が反対運動などから計画どおりに進まず，送電線容量の余裕が減少しております．このため，送電線事故停止時にほかの送電線に潮流が回り込んで過負荷となり，ドミノ状に次々に送電線が停止

して広域大停電事故が発生しています[※1]．また，2国間の連系潮流が第三国の送電線にも割り込むループフローも問題となっています．

北欧系統は，フィンランド，ノルウェー，スウェーデンの北欧3か国からなる連系系統です．北欧系統，イギリス系統は，それぞれ西中欧系統と直流海底ケーブルで連系されており，アイルランド系統は単独で運転されています．

付録5・1　直流送電の基礎

(1) 直流送電系統の構成

(a) 変換装置

交直変換装置には次の二つがあります．

① 順変換装置：交流電力を直流電力に変換する装置で，レクティファイヤとも呼ばれます．

② 逆変換装置：直流電力を交流電力に変換する装置で，インバータとも呼ばれます．一つの変換装置で，制御方法を変えることによって，順，逆いずれにも使うことができます．

交直変換装置の主体をなす整流器には次の二つがあります．

① サイリスタ：ゲート信号の位相制御によって，直流電圧の大きさを調整できる半導体整流器で，交直変換装置に広く使われています．

② 水銀整流器：初期の直流送電に使われていたが，現在ではほとんど使われていません．

(b) 直流送電系統の構成

直流送電系統は簡略化すれば付図5・1のように表せます．交流系統1から受電した電力P_1を，順変換装置で直流電圧V_{dr}，電流I_dに変換して直流送電線で逆変換装置まで送電し，ここで交流電力P_2に変換して交流系統2

[※1] イタリア大停電（2003年，2770万kW停電），欧州広域停電（2006年，ドイツ，フランス，イタリアなど11か国で1700万kW停電）（電力系統の構成及び運用に関する研究会「電力系統の構成及び運用について」2007年）

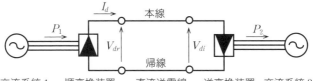

付図5・1 直流送電系統の構成

に送電します．直流系統の送電損失は$P_1 - P_2$です．変換装置の制御によって順変換装置を逆変換装置に，逆変換装置を順変換装置に変えれば，交流系統2から1に反転して送電することもできます．また，送電電力の大きさを変えることもできます．

付図5・2は直流送電系統の原理を表した簡易等価回路です．直流送電線側からみれば，順変換装置は内部起電力E_r[※2]と内部抵抗R_rで，逆変換装置は内部起電力E_iと内部抵抗R_iでそれぞれ表現できます．

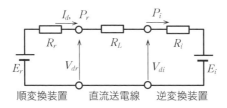

付図5・2 直流送電系統の簡易等価回路

直流送電線の電流I_dは次のようになります．

$$I_d = \frac{E_r - E_i}{R_r + R_L + R_i} \tag{付5・1}$$

ここに，R_L：直流送電線の往復の抵抗（本線と帰線の抵抗値の合計）
両変換装置の電力P_r，P_i，電圧V_{dr}，V_{di}は，

$$\left. \begin{array}{l} P_r = V_{dr} I_d \\ P_i = V_{di} I_d \end{array} \right\} \tag{付5・2}$$

$$\left. \begin{array}{l} V_{dr} = E_r - R_r I_d \\ V_{di} = E_i + R_i I_d \end{array} \right\} \tag{付5・3}$$

※2 内部起電力は無負荷時（$I_d = 0$）の端子電圧に等しい．

両変換装置の内部誘起電圧 E_r, E_i を制御することによって，直流電流 I_d, 電力 P_r, P_i を変えることができます．

(2) 直流送電の基本特性

(a) 変換装置の構成

付図5・3は，交直変換装置に用いられるサイリスタで，ゲートに信号電流を流すことによって，陽極（アノード）から陰極（カソード）への電流を開閉できる整流器です．

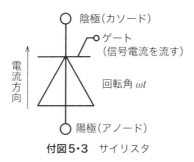

付図5・3 サイリスタ

付図5・4は直流送電に用いられるサイリスタを使用した三相ブリッジ結線の交直変換装置の基本的な構成です．ブリッジを構成する A_1，A_2，B_1，B_2，C_1，C_2 の6個のサイリスタに与えるゲート信号の位相（交流電圧波形における位置）を制御することによって，各サイリスタを順次に開閉して，直流側の電圧 v_{d12}，電流 i_d，電力を変えることができます．

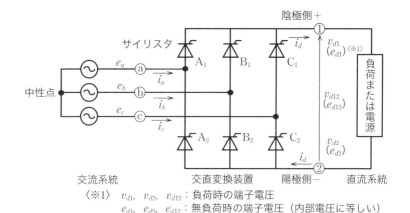

〈※1〉 v_{d1}, v_{d2}, v_{d12}：負荷時の端子電圧
e_{d1}, e_{d2}, e_{d12}：無負荷時の端子電圧（内部電圧に等しい）

付図5・4 三相ブリッジ結線交直変換装置の構成

(b) 変換装置の位相制御

ⓐ 制御角 $\alpha = 0°$ の場合

付図5・5は，三相電圧 e_a, e_b, e_c の交点でゲート信号を通した場合です．Ⅰ区間ではサイリスタ A_1, B_2 が通電して，電流はa相→A_1→①→②→B_2→b相と流れます．このとき，無負荷時の直流側①端子電圧 e_{d1}（中性点に対する電圧）は e_a，②端子電圧 e_{d2} は e_b に等しくなります．①②間の電圧 e_{d12} はab線間電圧 e_{ab} に等しくなります．

$$e_{d1} = e_a, \quad e_{d2} = e_b \tag{付5・4}$$

$$e_{d12} = e_{d1} - e_{d2} = e_a - e_b = e_{ab} \tag{付5・5}$$

Ⅱ区間では電流が $B_2 \to C_2$ に切り換わって（転流と呼ばれる），$A_1 \to C_2$ に通電し，

$$e_{d12} = e_a - e_c \tag{付5・6}$$

以下同様に，Ⅰ区間からⅥ区間まで順次切り替わって一巡し，これを繰り返して連続的に交流電圧を直流電圧に変換できます．

直流電流は直流回路のリアクトルの効果でほぼ一定値となるため，交流側各相電流 i_a, i_b, i_c は付図5・5のような矩形波に近い波形となります．各相電流の基本波[※3]は同図のように，各相電圧と同位相となり，交流側の潮流の力率はほぼ1となります．

直流回路電流 i_d は，三相交流電流が次々に重なってそろい，ほぼ一定値となります．

ⓑ $\alpha = \alpha°$ の場合

付図5・6は，ゲート信号を三相電圧の交点から α [°] 遅らせて通した場合です．この場合直流電圧 e_{d12} は同図のような鋸波状に変化しこの平均値 E_{d12} は，位相角 $\delta_1 \sim \delta_2$ 間の平均をとって次のように求められます．

$$\left.\begin{array}{l} e_a = \sqrt{2} E_a \cos\delta \\ e_b = \sqrt{2} E_a \cos\left(\delta - \dfrac{2\pi}{3}\right) \end{array}\right\} \tag{付5・7}$$

[※3] 同図のような矩形波電流は，これと周期の等しい正弦波電流（基本波電流と呼ばれる）と周期の短い高調波電流に分けられます．高調波電流はフィルタに吸収され，交流系統には主に基本波電流だけが流れます．

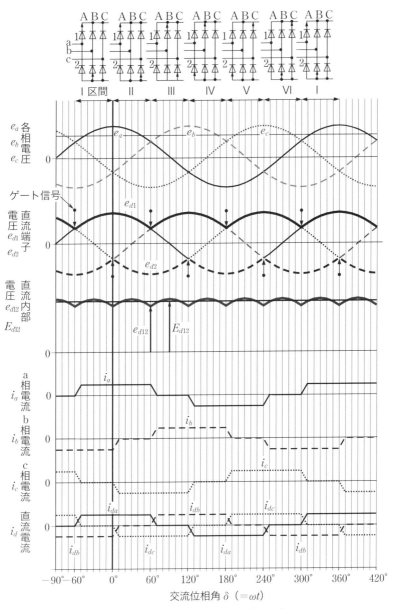

付図5・5 変換装置の電圧電流 ($\alpha = 0°$)

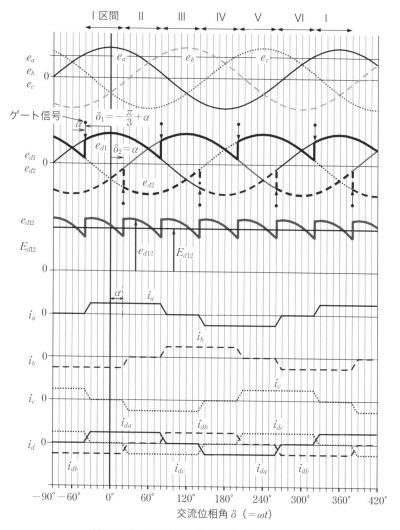

付図5・6 変換装置の電圧電流 ($\alpha = \alpha$ [°])

$$e_{d12} = e_a - e_b = \sqrt{2}E_a\left\{\cos\delta - \cos\left(\delta - \frac{2\pi}{3}\right)\right\}$$

$$= -\sqrt{6}E_a \sin\left(\delta - \frac{\pi}{3}\right)^{※4} \qquad (付5\cdot8)$$

※4 $\cos A - \cos B = -2\sin\{(A+B)/2\}\sin\{(A-B)/2\}$

$$E_{d12} = \frac{1}{\left(\frac{\pi}{3}\right)} \int_{-\frac{\pi}{3}+\alpha}^{\alpha} e_{d12} \mathrm{d}\delta \quad ※5$$
$$= E_{d0} \cos \alpha \tag{付5・9}$$

$$E_{d0} = \frac{3\sqrt{6}}{\pi} E_a \tag{付5・10}$$

ⓒ　$\alpha=0\sim90°$ の場合

付図5・7は制御角 α と直流電圧 E_{d12} の関係で，α がゼロから増加するに従って E_{d12} は低下し，$\alpha=90°$ のとき，$E_{d12}=0$ となります．

交流側の電流の位相角（相電圧からの遅れ角）θ はほぼ α に近く，α の増加に伴って潮流の力率 $\cos\theta$ は低下し，$\alpha=90°$ のとき，$\cos\theta=0$ となります．

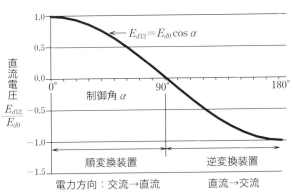

付図5・7　制御角と直流電圧

※5　位相角を弧度法表示（$360°=2\pi$〔rad〕）し，e_{d12} を $\{-(\pi/3)+\alpha\}$〔rad〕すなわち $\{-60+\alpha\}$〔°〕から α〔°〕まで積分して，区間長 $(\pi/3)$〔rad〕で割って次のように求められます．

$$E_{d12} = \frac{1}{\left(\frac{\pi}{3}\right)} \int_{-\frac{\pi}{3}+\alpha}^{\alpha} e_{d12} \mathrm{d}\delta = \frac{3}{\pi}\left[\sqrt{6}E_a \cos\left(\delta - \frac{\pi}{3}\right)\right]_{-\frac{\pi}{3}+\alpha}^{\alpha}$$
$$= \frac{3\sqrt{6}}{\pi} E_a \left\{ \cos\left(\alpha - \frac{\pi}{3}\right) - \cos\left(-\frac{\pi}{3} + \alpha - \frac{\pi}{3}\right) \right\}$$
$$= \frac{3\sqrt{6}}{\pi} E_a \left\{ \left(\cos\alpha\cos\frac{\pi}{3} + \sin\alpha\sin\frac{\pi}{3}\right) - \left(\cos\alpha\cos\frac{2\pi}{3} + \sin\alpha\sin\frac{2\pi}{3}\right) \right\}$$
$$= \frac{3\sqrt{6}}{\pi} E_a \cos\alpha$$

ⓓ $\alpha = 90 \sim 180°$ の場合

直流電圧 E_{d12} はマイナスとなり，陰極側の①端子が－極，陽極側の②端子が＋極となります．この場合も整流器の電流は陽極側の②から陰極側の①に流れるから，直流電流は変換装置の陽極側の②から入って陰極側の①から出る向きに流れます．これは付図5・2で，逆変換装置の直流電流は＋極に入って，－極から出ることになり，直流電力は直流送電線から逆変換装置に向かって流れます．付図5・8は順，逆変換装置の制御角と電力方向を示したものです．

結局，順，逆変換装置の制御角を変えることによって，それぞれの直流電圧を変えて直流電力を制御することができます．

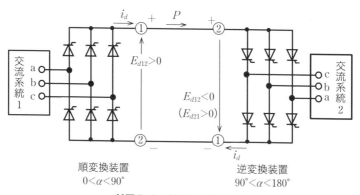

付図5・8 制御角と電力方向

付録5・2　世界の代表的な直流送電

分類	プロジェクト	所在地	定格電圧〔kV〕	定格容量〔MW〕	送電距離[※1]〔km〕	運転開始年[※2]
海底ケーブル	バンクーバー2	カナダ	260	468	74(33)	1977/79
	北海道－本州間直流連系	日本	±250	600	167(44)	1980/93
	クロスチャンネルバイポール1＋2	イギリス～フランス	2×±270	2 000	71(71)	1986
	ゴットランド3	スウェーデン	150	130	98(98)	1987
	ニュージーランド	ニュージーランド	350	700	612(40)	1992
	ヘナム－済州島	韓国	±180	300	101(101)	1997
	バルチックケーブル	スウェーデン～ドイツ	450	600	261(249)	1994
	紀伊水道直流連系	日本	±250	1 400	101(50)	2000
非同期連系	佐久間[※3]	日本	2×125	300	0	1965/93
	新信濃[※3]	日本	2×125/125	600	0	1977/92
	ビボルグ	ロシア～フィンランド	3×±85	1 065	0	1981/82/84
	デュルンロール1	オーストリア～チェコ	145	550	0	1983
	南福光	日本	125	300	0	1999
	東清水[※3]	日本	125	300	0	2000
長距離送電	ボルゴグラード～ドンバス	ロシア	±400	720	470(0)	1962/65
	パシフィックインタータイ	アメリカ	±500	3 100	1 361(0)	1970/85/89
	カボラ－バッサ	モザンビーク～南アフリカ	±533	1 920	1 360(0)	1977
	ネルソンリバー～バイポール2	カナダ	±500	2 000	940(0)	1978/85
	C.U.	アメリカ	±450	1 000	702(0)	1979
	インガ～ジャバ	ザイール	±500	560	1 700(0)	1982
	イタイプ1	ブラジル	±600	3 150	807(0)	1985/86
	イタイプ2		±600	3 150	818(0)	1989
	ケベック～ニューイングランド1, 2	カナダ～アメリカ	450	690→2 250	172(0)→1 500(5)	1986/92
	コンティスカン2	デンマーク～スウェーデン	285	300	150(87)	1988
	ゴチョウバ～ナンチャオ	中国	±500	1 200	1 046(0)	1989/90
	フェノスカン	スウェーデン～フィンランド	400	500	233(200)	1989
	リハンド～デリー	インド	±500	1 500	814(0)	1992
	サイコ	イタリア	200	300	389(39)	1992
	スカゲラーク3	デンマーク～ノルウェー	350	500	270(127)	1993
	コンテック	デンマーク～ドイツ	400	600	175(175)	1995
	レイテ～ルソン	フィリピン	±350	1 000	450(23)	1998

〈※1〉（ ）内はケーブル　　〈※2〉／以降は改造，増設年　　〈※3〉50/60Hz連系
〈※4〉電気工学ハンドブック，2001年

第 II 編

電力システムのしくみと変遷

第6章

電力システムの構成

要　旨

- ◆ 電力システムは，多くの発電所，送電線，変電所，配電線および負荷（電力利用設備）が一体的に結合され，電力の生産から流通，消費まで行われているシステムです．

- ◆ 電力システムは，①生産と消費が同時に行われ，②大量の電力貯蔵が困難で，③電力品質の維持，④社会環境との適合，⑤電力の安定供給と価格の低減，が求められています．

- ◆ このような電力システムの特徴から，わが国では全国の10電力会社（一般電気事業者）がそれぞれの供給区域をもって，発送配電一貫体制のもとで，供給責任を負いながら電力の安定供給に努めてきました．

- ◆ しかし，電気事業に競争原理を導入して一層の電力価格の低減を図るために，1995年ごろから自由化が進められ，新しい形の卸売および小売事業者が発足しています．

- ◆ わが国の需要電力量の約1割は，電気の利用者が自分自身で発電している自家発需要です．残りの約9割が事業用需要で，そのうち約6割が小売自由化の対象となっています．

6・1 電力システムの構成

電力システム（電力系統）は，多くの発電所，送電線，変電所，配電線および負荷（電気利用設備）が一体的に結合され，電力の生産から流通，消費まで行われているシステムです．図6・1はその一例です．

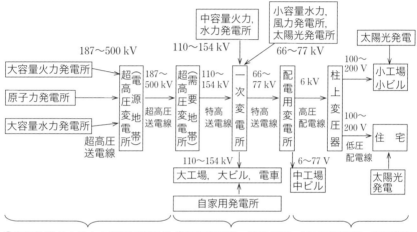

①電源地帯の大電力を超高圧送電線で消費地帯に送電します　②特高送電線で消費地帯の一次変電所，配電用変電所に送電し，さらに大中工場，ビルに送電します　③高圧配電線で配電用変電所から柱上変圧器に配電し，そこから低圧配電線で住宅，小工場，ビルに配電します

〈※1〉 一次変電所と配電用変電所の中間に22～33 kVに変換する中間変電所が入ることもあります．

図6・1　電力システムの例

これはおよそ次のような3段階からなっています．
① 電源地帯で発電した大電力を消費地帯まで，長距離送電する
② 電力消費地帯で，負荷に近い需要地の変電所へ送電する
③ 需要地の変電所から各需要家（負荷）に配電する

近年は，自家用発電，太陽光発電，風力発電など需要地に近接して設置される小規模分散型の発電所も増加しています．

電力システムは次のような要素から構成されています．

① 電力生産：発電所…一次エネルギーを電力に変換する
② 電力流通：送電線…発電所や変電所からほかの発電所や変電所に送電する
　　　　　　変電所…構外から入ってきた電力の電圧を変えて構外に送り出す
　　　　　　配電線…発電所や変電所から直接需要家に電力を送る．
③ 電力消費：工場，ビル，交通機関，住宅…電力を消費して社会生活を支える．

電力流通設備は表6・1のように定義されています．

表6・1　電力流通設備の定義

電力流通設備	定　義
送電線路	発電所相互間，変電所相互間，または発電所と変電所との間の電線路[※1]およびこれに付属する開閉所その他の電気工作物
配電線路	発電所，変電所，もしくは送電線路と需要設備との間または需要設備相互間の電線路およびこれに付属する開閉所その他の電気工作物
変電所	構内以外の場所から伝送される電気を変成し，これを構内以外の場所に伝送するため，または構内以外の場所から伝送されてくる電圧10万V以上の電気を変成するために設置する変圧器その他の電気工作物の総合体

〈※1〉　電線路は発電所，変電所，電気使用場所相互間の電線ならびにこれを支持する工作物
〈※2〉　電気事業法施行規則第1条

電力設備の電圧については，経済産業省令によって，低圧，高圧，特別高圧の種別が定められています（表6・2）．これに従って送電線，配電線は，表6・3のような区分で呼ばれています．

表6・2　電圧の種別

電圧種別	公称電圧（交流の場合）
低　圧	600 V以下のもの
高　圧	600 Vを超え，7 000 V以下のもの
特別高圧	7 000 Vを超えるもの

〈※1〉　電気設備に関する技術基準を定める省令，第1条

表6・3　送配電線の公称電圧と呼称

電線路	公称電圧[※1]	呼称
送電線	500 kV	超高圧送電線
	187, 220, 275 kV	
	110, 154 kV	特別高圧送電線
	66, 77 kV	
	11, 22, 33 kV	
配電線	11, 22, 33 kV	特別高圧配電線
	6.6 kV	高圧配電線
	100, 200 V	低圧配電線

〈※1〉 電線路を代表する電圧で線間電圧の実効値．電線路の電圧は運転状態によって変動するが，その代表値として標準電圧が定められており（JEC－0222），上表はその中で主に使われているもの．一地域においては，次のいずれかの電圧のみを採用．220または275 kV，154または187 kV，66または77 kV

6・2　電力システムの特徴

電力システムは，次のような特徴をもっています．
① 生産と消費の同時性：電力需要は，年間を通じて季節的に変化するとともに，曜日による週間変化，1日の時間帯による日間変化，さらに数分程度の短時間変化など，時々刻々変化しています．電力の生産（発電）は，変化する電力需要（消費）に合わせて，同時に需要と等量の発電を行う必要があります．常に，発電＝需要のバランスを維持していなければなりません．このバランスが崩れると，周波数が変動して電力設備の安定運転に支障をきたします．
② 大量の電力貯蔵が困難：揚水発電所，電力貯蔵電池によって，ある程度の電力は貯蔵できますが量的に限界があります．大量の電力貯蔵は困難で，需要の変化に対応できるだけの予備的発電設備を用意しておく必要があります．
③ 電力品質の維持：需要家が電力を安定に利用できるために，周波数，電圧は一定の適正範囲に維持する必要があります．また，電力供給設備の故障や補修停止に際しても，できるだけ停電の少ない安定な電力を供給する必要があります．
④ 社会環境との適合：電力需要は，社会・経済の発展とともに変化して

おり，太陽光発電，風力発電などの再生可能エネルギーの拡大，電力自由化など社会の変化に対応して発展していく必要があります．また，発電所の排気ガス，温排水，騒音，放射線の地域への影響，電力流通設備の景観や自然環境への影響などに十分配慮する必要があります．

⑤ 安定供給と価格の低減：電力は社会，経済生活に必要不可欠なエネルギーであり，特に日本では発電用の燃料はほとんど海外から輸入していますから，世界のエネルギー，経済動向に左右されず，国内の需要家に安定な電力をできるだけ低価格で供給する必要があります．

6・3　電気の供給体制

(1)　電気事業の特質

電気は，空気や水と同様に，日常生活に不可欠な消費財であると同時に，経済の基礎となる生産財です．しかし，大量に貯蔵することができないため，生産と消費が同時に行われ，その輸送には専用の設備を必要とするなど，ほかの一般の商品とは異なった特質をもっています．

この電気の特質から，電気を供給する電気事業は発電所や送電線などの膨大な設備によって地域別の運営がなされている公益事業，基幹産業であり，その社会的，経済的役割は大きいものがあります．

そのため，全国で10社の電力会社（一般電気事業者）が，それぞれの供給区域をもって，発送配電一貫体制のもとで，供給責任を負いながら電力を安定に供給してきました（図6・2）．

周波数については，明治時代に日本で初めて電気事業が発足したころ，東京ではドイツから輸入した 50 Hz（ヘルツ）発電機を導入し，大阪ではアメリカの 60 Hz 発電機を導入したために，これにならって今日まで静岡県富士川を境にして，東は 50 Hz，西は 60 Hz の地域に分かれています．

その後，電気事業に競争原理を導入して一層の電力価格の低減を図るために，1995年から発電事業が，2000年から一部の小売事業が自由化され，電力会社以外の事業者の参入が可能となりました．

これによって，従来すべての需要家はその地区の電力会社からしか電力

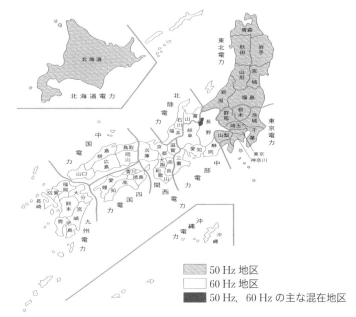

〈※1〉 あなたの知りたいこと 2014
図6・2 電力会社の供給区域と周波数（2013年3月現在）

を購入できませんでしたが，小売自由化の対象となった需要家は，その地区の電力会社以外の他地区の電力会社やその他の電気事業者からも自由に選択して電力を購入できるようになりました．

(2) 電気の供給体制

現在，電気の供給者には，図6・3のように，①電気事業者，②卸供給事業者，③自家発電設備設置者（自家発）があります（付録6）．

電気事業者（電気を供給する事業を行う者）には，一般の需要に応じて電気を供給する一般電気事業者（10電力会社），一般電気事業者に電気を供給する卸電気事業者，特定地点の需要に応じて電気を供給する特定電気事業者，小売の自由化によって認められた特定規模（自由化の対象となる一定の規模．現在は高圧で受電する契約電力50 kW以上）の需要に電気を供給する特定規模電気事業者（PPS[※1]または新電力とも呼ばれる）があり

※1　Power Producer and Supplier

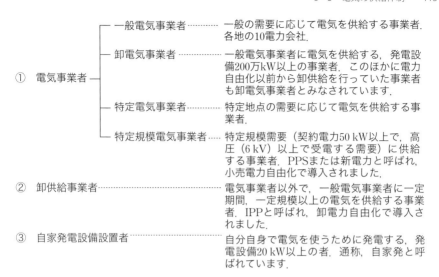

図6・3 電気の供給者

ます.

卸供給事業者は,電気事業者以外で,一般電気事業者に比較的小規模の電気を供給する者で,卸売の自由化で認められ,独立発電事業者またはIPP[※2]と呼ばれています.

自家発は,一定規模以上の発電設備をもって,自分自身で電気を使用するために発電する者です.

図6・4は,これらの事業者による電気の供給体制です.自由化対象以外の非自由化対象需要家(契約電力50 kW未満の一般家庭,コンビニ,小規模工場など)には,従来どおり,一般電気事業者から供給されていますが,自由化対象需要家は,需要家の選択によって,一般電気事業者またはPPSのいずれからも購入することができます.

電気事業者が供給する需要は事業用需要,これと自家発自家消費を合計したものは総需要と呼ばれています.総需要は,国内で消費される電力量の総計です.

※2 Independent Power Producer

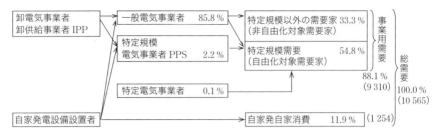

〈※1〉 数値は2010年度実績値．総需要電力量（100%）に対する構成比率%．
　　　（　）内は需要電力量〔億kW・h〕
〈※2〉 電力調査統計，電気事業便覧（平成23年度版）

図6・4 電気の供給体制

　同図には，2010年度の実績需要電力量の構成率も示してあります．総需要は1.05兆kW・hで，これを100%とすると，事業用需要は88.1%，自家発自家消費は11.9%です．事業用のうち54.8%は自由化されており，非自由化対象需要は33.3%ですが，事業用需要の97%は一般電気事業者から供給されています．

(3) 電力量の流れ

　図6・5は，2010年度の最終電力消費（ほぼ総需要電力量に相当）の用途別シェアで，民生部門が6割，産業部門が4割を占めています．民生部門は家庭用と業務用がほぼ半々，産業部門はほとんどが製造業で，機械，鉄鋼，化学工業がその半分以上を占めています．

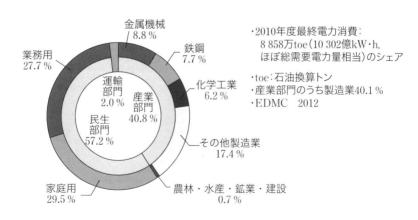

図6・5 最終電力消費の用途別シェア

図6・6は，10電力会社の販売電力量のシェアで，東京，関西，中部の3社で6割を占め，残りを7社で供給しています．

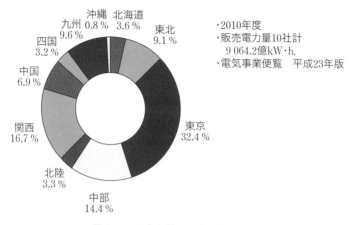

図6・6 電力会社の販売電力量シェア

図6・7は，電力量の流れです．一般電気事業者でみれば，自社の発電所で発電した発電端電力量に，他社からの受電電力量を加え揚水用電力量を差し引いた発受電端電力量から，発電所所内用電力量を差し引いたものが送電端電力量です．これから送電線，変電所，配電線を通って一般以外の電気事業者の電力とともに，需要家に届けられるのが需要電力量で，販売電力量，使用電力量または電気事業用需要電力量とも呼ばれます．これと自家発自家消費電力量を加えたものが総需要電力量です．電力についても同様に，送電端電力，需要電力などと呼ばれています．

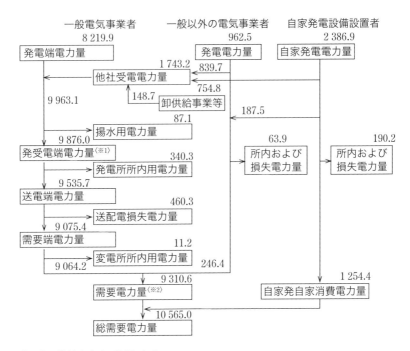

〈※1〉 供給力とも呼ばれます．
〈※2〉 販売電力量，使用電力量または電気事業用電力量とも呼ばれます．
〈※3〉 資源エネルギー庁「電力調査統計」，電気事業便覧 平成23年度版，電事連「60年の統計」，2010年度〔億kW・h〕

図6・7 発電所から需要家への電力量の流れ

付録6　電気事業関連用語

用　語	定　義
電気事業	電気を供給する事業
事業用発電	電気を供給するための発電
自家用発電	電気を自分自身で使うための発電で，発電設備の合計が20 kW以上のもの．略して自家発と呼びます
一般電気事業者	一般の需要に応じて電気を供給する事業者．一般電気事業者は，北海道電力，東北電力，東京電力，中部電力，北陸電力，関西電力，中国電力，四国電力，九州電力，沖縄電力の10社で，それぞれ自社の供給区域をもっています

卸電気事業者	200万kWを超える発電設備により一般電気事業者に一般電気事業用の電気を供給する事業者．電源開発および日本原子力発電の2事業者 ただし，これは1995年の電気事業法改正によって定義されたもので，法改正時に一般電気事業者との間で契約している電気の供給を行うかぎりにおいては，引き続き卸電気事業者とみなされます(通称，みなし卸電気事業者)．これには，公営の発電事業者，共同火力発電事業者があります
特定電気事業者	特定の供給地点における需要に応じて，電気の供給を行う事業者．諏訪エネルギーサービス，東日本旅客鉄道，六本木エネルギーサービス，住友共同電力，JFEスチールの5社
特定規模 電気事業者	特定規模需要は，一般電気事業者の供給区域で，その一般電気事業者以外の者が供給できる，電力小売自由化の対象需要で，2005年5月から契約電力の合計が50 kW以上で，高圧電線路(6 kV以上)で受電する需要と定められています(電気事業法)．特定規模電気事業者は，特定規模需要に応じて電気を供給する事業者で，①一般電気事業者がその供給区域以外の地域における特定規模需要に応じて，ほかの一般電気事業者の電線路を介して行うもの，②一般電気事業者以外の者が一般電気事業者の電線路を介して行うもの，の二つがあります．一般にPPSまたは新電力と呼ばれています．2011年3月現在，46事業者が参入
卸供給事業者	卸供給は，一般電気事業者にその一般電気事業の用に供するための電気を供給すること．卸供給事業者は，電気事業者以外で，1,000 kWを超える一般電気事業用の電気を10年以上の期間にわたって一般電気事業者に供給するもの，または10万kWを超える一般電気事業用の電気を5年以上の期間にわたって一般電気事業者へ供給するもの，と定められています．これは，1995年の電気事業法の改正で電力自由化の一環として，一般事業者が発電事業に参加できるようになったもので，一般にIPP(独立系発電事業者)と呼ばれています
発電端電力量	発電所の発電機端子の電力量
発受電端電力量	一般電気事業者の自社の発電端電力量と他社から受電した電力の合計から揚水電力量を差し引いた電力量
送電端電力量	発受電端電力量から発電所所内電力量を差し引いた電力量
需要端電力量	送電端電力量から送電損失電力を差し引いた電力量
需要電力量	電気事業者から供給を受けて需要家が消費する電力量．需要端電力量から変電所所内電力量を差し引いた電力量に，一般以外の電気事業者から供給を受ける電力量を加えた電力量
総需要電力量	需要電力量に自家発自家消費電力量を加えた電力量

第7章

電力供給計画の算定方法

要　旨

- 将来の電力需要の変化や電力供給設備の事故などに備えて，電力の安定供給を図るために，電力会社では毎年，電力供給計画を作成しています．
- 供給計画には，至近2年間の月別最大電力と需要電力量への短期供給計画と，初年度以降10年間の年度別最大電力と需要電力量への長期供給計画があります．
- 長期の最大電力供給計画は，需要電力が年間で最大となる月（一般に8月）の毎日の最大電力の上位3日平均電力に対して，水力，火力，原子力，太陽光，風力発電などの供給力で適正な余力をもって供給できることを確認します．
- 年間の電力量供給計画は，年間の需要電力量を電源の供給電力量で充足できることを確認するものです．
- 水力供給力については，至近30年間の需要最大月の毎日の平均可能発電力実績平均から求めた最低5日平均をベースに，計画停止電力と所内消費電力を差し引いて求めます．
- 火力，原子力発電の供給力については，設備容量から計画停止電力と所内消費電力を差し引いて求めます．
- 太陽光，風力発電の供給力については，季節，昼夜によって

大幅に変化し，最大電力需要時点で確実に期待できる供給力は小さなものとなります．水力と同様，最低5日平均出力がベースとみられますが，今後，実績データの蓄積によってより確度の高い供給力を算定していく必要があります．

7・1　電力供給計画の算定方法

(1)　電力供給計画の目的

電力需要は，経済動向，季節，天候，平日と休日，1日の時間帯によって大きく変化しますが，電力は大量に貯蔵することができないために，需要の変化に対応して，需要と等しい電力を同時に発電して供給する必要があります．

将来の電力需要については，景気の変動や，天候など想定条件からのずれによって，想定値から変化するおそれがあり，供給力（電力需要に供給できる供給能力〔kW〕と供給電力量〔kW・h〕）についても，天候による河川流量の変動や発電設備の突発的な事故などによって，想定値から変化するおそれがあります．

したがって，将来の電力需要に安定に供給するためには，想定した諸条件からある程度の変化があっても，需要を充足できる余裕をもった供給力を確保できるか，すなわち安定した需給バランスがとれるかどうかを確認しておく必要があります．

このために電力会社では，電力供給計画を作成して，想定した需要に対する安定供給と発電所や送電線などの電力設備の経済的建設，運用を図るために，電力需給の実態を明確にし，需給運用の指針を得ることとしています．

電力供給計画（以下供給計画と呼ぶ）には次のように，短期と長期の二つの計画があります．

① 短期供給計画：至近2年間について，月別の最大電力と需要電力量への供給計画

② 長期供給計画：初年度以降10年間について，年度別の最大電力と需

要電力量への供給計画

供給計画は，電力設備建設計画，運用計画などの諸計画の中で最も基本となるものの一つで，毎年，当該年度の開始前に，経済産業大臣に届けることとされています．

(2) 長期供給計画の算定方法

長期供給計画は，日本電力調査委員会の算定手法に基づいており，最大電力供給計画と電力量供給計画（いずれも送電端表示）の2面から構成されています．その概要は次のとおりです（表7・1）．

表7・1 長期供給計画の算定方法

		ⓐ 最大電力供給計画	ⓑ 電力量供給計画
①基本的考え方		・最大電力を供給能力で充足できること	・年間の需要電力量を供給電力量で充足できること
②具体的算定方法	需要	・送電端最大3日平均電力(H3)	・送電端年間需要電力量
	供給力	・発電能力は，水力は第V出水時点（最渇水日，L5）の可能発電力，その他の電源は設備容量とします ・各電源の発電能力から，計画補修による停止電力と所内消費電力を差し引いたものの合計を送電端供給能力とします	・水力の発電電力量は平水年の可能発電電力量（至近30年の実績平均），その他の電源は設備容量，年間利用率，需要電力量などから算定します ・各電源の発電電力量から計画補修による停止電力量と所内消費電力量を差し引いたものの合計を送電端供給電力量とします
	需給バランスの判断	・供給能力が最大3日平均電力を一定量上回ること ・または，供給予備力が適正値以上あること	・供給電力量が需要電力量と等しいこと（供給電力量で需要電力量を充足できること）

(a) 最大電力供給計画

電力設備計画（電力面）の見通しを得るために作成され，需要電力が最大となる月（一般に8月．北海道は12月．以下8月として説明）の最大電力を供給能力で充足できることを確認するものです．

具体的には，最大電力としては，8月の最大3日平均電力[※1]をとります．

※1 1か月を通じた毎日の最大電力を上位から3日とって，これを平均した値で，H3とも呼ばれます．

供給能力としては，水力（第V出水時点（最渇水日）の平均可能発電能力），火力，原子力，再生可能エネルギー（地熱，太陽光，風力など）の発電能力から計画補修による停止電力と所内消費電力を差し引いたものの合計に，他社からの正味受電電力（受電電力－送電電力）を加えたものとします．太陽光，風力の供給力については，今後の調査分析による精度向上が必要です．

供給能力から最大3日平均電力を差し引いた供給予備力が適正値以上あるときに最大電力需給バランスがとれていると判断します．

$$供給予備力 = 供給能力 － 最大3日平均電力 \quad (7・1)$$

$$供給予備率 = \frac{供給予備力}{最大3日平均電力} \times 100\% \quad (7・2)$$

供給予備力は，「設備の計画外停止，渇水，需要の変動などの予測し得ない異常事態の発生があっても，安定供給を行うことを目的として，あらかじめ想定される需要以上にもつ供給力」と定義されています．

適正な供給予備力は，大形電源の脱落時にも供給を続けられることを考慮して，最大電源ユニット1台相当の予備力が一つの目安であり，これに連系している他社からの応援や需要特性などを総合的に勘案して定められます．各社の供給予備率保有目標はおおむね8～10％としており，この内訳は，需要変動対策1～3％，電源の計画外停止，渇水対応分7％程度となっています．なお，運用段階における需給ひっ迫時の最低保有供給予備率としては，3％程度が目安とされています[※2]．

(b) 電力量供給計画

エネルギー計画面（電力量面）の見通しを得るために作成され，年間の需要電力量を供給電力量で充足できることを確認するものです．

供給電力量は，水力（平水年の発電電力量），火力，原子力，再生可能エネルギーの発電電力量から計画補修による停止電力量と所内消費電力量を差し引いたものの合計に，他社からの正味受電電力量（受電電力量－送電電力量）を加えたものとします．

※2　地域間連系線などの強化に関するマスタープラン研究会中間報告（2012年4月）

供給電力量が需要電力量と等しいときに電力量需給バランスがとれていると判断します．

7・2　主要電源の供給力

(1)　水力の供給力

(a)　水力の供給能力

自流式水力[※3]は，その年の降水量によって河川流量が変化し，それに伴って可能発電力[※4]も変化します．8月の最大電力需給バランスに対応する水力の可能発電力は，至近30年間の8月の毎日の平均可能発電力を大きさの順に並べたもの（流況曲線と呼ばれる）の，最低5日間の平均すなわち第Ⅴ出水時点[※5]（最渇水日）の平均可能発電力を用います．9電力会社の実績調査結果[※6]によれば，自流式水力の可能発電力が第Ⅴ出水時点より低下する確率は，会社によってバラツキはありますが，9〜12％程度となっています．したがって，ほぼ90％以上は第Ⅴ出水時点を上回るレベルとみられます．

自流式水力の発電能力は，これに調整池による調整能力[※7]を加えたものです．

$$\text{自流式水力の発電能力} = \text{第Ⅴ出水時点の平均可能発電力} + \text{調整能力} \quad (7・3)$$

自流式水力の供給能力は，これから計画停止電力と所内消費電力を差し引いて，次のように求められます．

[※3]　自流式水力は，調整池をもたず河川流量をそのまま発電に利用する流込式と，小容量の調整池をもって河川流量による発電に加えて電力需要に合わせて発電を調整できる調整式の総称

[※4]　そのときの最大取水可能水量を利用して発生できる発電力

[※5]　流況曲線で，1か月を第Ⅰ出水時点（最高5日平均，最豊水日）から第Ⅴ出水時点（最低5日平均）まで，5区分したときの5番目の出力時点でL5とも呼ばれます．

[※6]　1942〜1973年の32か年平均（日本電力調査委員会解説書，2007年）

[※7]　調整池を活用して深夜に貯水し，昼間など電力需要の大きいときに増加できる能力

$$\text{自流式水力の供給能力} = \text{発電能力} - \text{計画停止電力} - \text{所内消費電力} \quad (7\cdot4)$$

なお，自流式水力のある時点（時刻，日，または月）の実績可能発電力の，その月の平水年（至近30年間の平均）の月平均可能発電力に対する比率は，出水率と呼ばれています．

$$\text{出水率} = \frac{\text{実績可能発電力}}{\text{平水年の月平均可能発電力}} \times 100\% \quad (7\cdot5)$$

貯水池式や揚水式水力は，貯水池を利用した年間〜日間の発電計画に基づいた供給能力を用います．

(b) 水力の供給電力量

平水年における可能発電電力量[※8]から，いっ水電力量[※9]と所内消費電力量を差し引いて，次のように求められます．

$$\text{水力の供給電力量} = \text{平水年の平均可能発電電力量} - \text{いっ水電力量} - \text{所内消費電力量} \quad (7\cdot6)$$

(2) 火力の供給力

(a) 火力の供給能力

火力の供給能力は次のように求められます．

$$\text{火力の供給能力} = \text{発電能力} - \text{計画停止電力} - \text{所内消費電力} \quad (7\cdot7)$$

発電能力は，コンバインドサイクルの場合，大気温度の影響によって冬季に比べて夏季は8〜15%低下します．

$$\text{発電能力} = \text{設備容量} - \text{大気温度の影響による発電能力低下分} \quad (7\cdot8)$$

コンバインドサイクル以外の発電能力は，設備容量に等しくなります．

火力は，蒸気タービンは運転開始から4年以内に，ボイラは同じく2年以内に，定期検査が義務づけられています（電気事業法施行規則）．

[※8] 至近30年間の可能発電電力量の実績値の平均で，最も実現期待度が高いと考えられます

[※9] 発電設備の停止などによって，発電に使用されずいつ流した水量を電力量に換算したもの

(b) 火力の供給電力量

火力は，ほかの電源に比べて燃料費が高いために，送電端需要電力量からほかの電源の供給電力量などを差し引いた残余分を分担することになり，火力の供給電力量は次のように求められます．

$$\begin{array}{c}\text{火力の}\\\text{供給電力量}\end{array} = \begin{array}{c}\text{送電端}\\\text{需要電力量}\end{array} - \begin{array}{c}\text{火力以外の電源の}\\\text{供給電力量}\end{array} - \begin{array}{c}\text{正味他社}\\\text{受電電力}\end{array} \quad (7\cdot 9)$$

火力の発電電力量は次のとおりとなります．

$$\text{発電電力量} = \text{供給電力量} + \text{所内消費電力量} \quad (7\cdot 10)$$

この際，発電電力量は，設備容量と計画停止などを差し引いた年間稼働限界電力量を超えないように留意する必要があります．

火力発電は，最低運転可能負荷限度が定格出力の$1/2 \sim 1/8$で，それ以下の出力では運転できないので，深夜などの軽負荷時には余剰電力（需要電力を上回って抑制できない発電力）が発生しないかどうかを，あらかじめ検討しておく必要があります．余剰電力を水力発電力の調整などで吸収できない場合は，深夜に一部の発電機を停止して，翌朝起動する日間起動停止（DSS，デイリー・スタート・ストップ）が必要となります．

火力発電はまた，負荷の急変や電源脱落などに備えて，数秒から10分以内に出力を調整できる周波数調整能力や運転予備力[※10]を分担する必要があります．さらに，電力系統の潮流（電力の流れ）改善，電圧調整などの面から出力調整が必要となる場合もあります．

(3) 原子力の供給力

(a) 原子力の供給能力

原子力の供給能力は次のように求められます．

$$\begin{array}{c}\text{原子力の}\\\text{供給能力}\end{array} = \text{設備容量} - \text{計画停止電力} - \text{所内消費電力} \quad (7\cdot 11)$$

原子炉は運転開始から13月以内，タービンは同じく1年経過後13月以内に定期検査が義務づけられています．

※10　10分程度以内に増発できる予備力

(b) 原子力の供給電力量

原子力の供給電力量は，長期需給計画では発電機ユニットごとに平均的な年間設備利用率から，次のように算定しています．

$$\text{原子力の供給電力量} = \left(\text{発電電力量} - \text{所内消費電力量} \right) \times \text{年間設備利用率} \quad (7 \cdot 12)$$

原子力は，燃料価格が安く供給が安定しているため，通常出力調整は行わず，最大出力で一定運転するベース供給力として運用しています．また出力変化は，燃料棒に与える影響に配慮して，火力に比べて徐々に行われています．

表7·2に最近の所内率の概略値を示します．所内率には，発電電力に対する所内消費電力の比率（ここでは電力所内率と呼ぶ）と，発電電力量に対する所内消費電力量の比率（ここでは電力量所内率と呼ぶ）があり，若干異なっています．

表7·2 所内率の概略値〔％〕

		電力所内率	電力量所内率
水　力		0.2〜0.4	0.3〜0.7
火力	石　炭	5〜8	5〜8
	石　油	2〜6	4〜7
	ガ　ス	3〜5	3〜5
	ガス・コンバインド	1〜2	1〜3
原子力		3〜6	3〜7

〈※1〉　電力所内率 $= \dfrac{\text{所内消費電力}}{\text{発電電力}} \times 100\%$

〈※2〉　電力量所内率 $= \dfrac{\text{所内消費電力量}}{\text{発電電力量}} \times 100\%$

〈※3〉　いずれも最大電力発電時の値．火力は50万kW級以上の例
〈※4〉　日本電力調査報告書（2007年）

7·3　太陽光発電の供給力

(1) 太陽光発電の発電能力

太陽光発電は，資源枯渇のおそれのない国産のクリーンな再生可能エネ

ルギーとして，将来，電力系統への導入連系量は急速に増加することが見込まれています．

火力発電や原子力発電は，運転者の要請に従って任意の出力で運転できるのに対して，太陽光発電は運転者の要請とは全く無関係に，季節，天候，昼と夜によって大幅に変化します．何時ごろどれだけの電力が電力系統に流入してくるのか，どれだけの供給力を期待できるのかによって，電力需給計画が大きく左右されます．

しかし，太陽光発電の変動特性と電力需給計画上の取扱いについては，あまり調査されておらず，これからの大きな課題となっています．ここでは，太陽光発電の供給力について，過去の気象データからの若干の試算と，IEAの世界エネルギー展望2011における検討状況を紹介します．

(a) 日射量の変化

日射量が日本の平均的な地点とみられる静岡市を例にとって，日射量の変化を調べてみます．

図7・1は，日射量日量（1日の合計日射量）の年平均の変化です．年による平均日射量の変動幅は1割程度で，大きな変化はみられません．

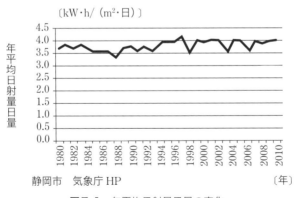

図7・1　年平均日射量日量の変化

図7・2は，月平均日射量日量の30年間（1981〜2010年）の平均です．8月が最大で，冬季はその半分に下がっています．

図7・3は，8月と12月の日射量日量の月間の変化で，晴れた日の日射量は，12月は8月の半分程度です．曇りや雨の日は快晴の日の4〜5分の1程

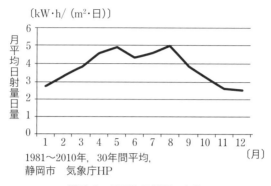

1981～2010年，30年間平均，
静岡市　気象庁HP

図7・2　月平均日射量の変化

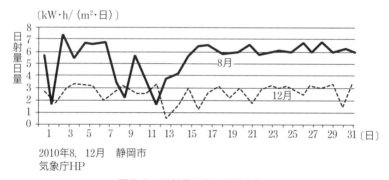

2010年8，12月　静岡市
気象庁HP

図7・3　日射量日量の月間変化

度で，天候による変化が大きくなっています．

　図7・4は，日射量日量の最大の日と最少の日の日射量の日間変化です．晴れた日の日射量は12時ごろが最大となりますが，曇りや雨の日は1日中ほとんどゼロとなっています．

(b)　日射量の持続曲線による発電能力の試算

　8月の最大電力需給バランスに対応する自流式水力の発電能力は，過去30年間の8月の毎日の平均可能発電力を大きさの順に並べた流況曲線の，最低5日間の平均すなわち第V出水時点（最渇水日）の平均可能発電力を用いています．これは，自流式水力の出力は，ほぼ90％以上の確率でこの値を上回るレベルです．

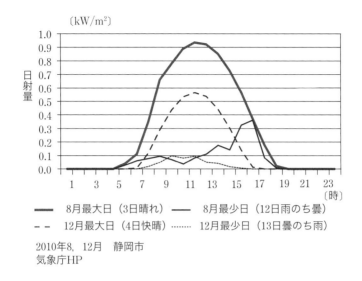

図7・4 日射量の日間変化

太陽光発電の発電能力についても，自流式水力にならって，電力需要が最大となる8月の15時の日射量の月間持続曲線（月間の日射量を大きい順に並べた曲線）の最低5日間の平均をとれば，信頼をもって期待できる発電能力とみることができるものと考えられます．

図7・5は，平均的に1日の中で日射量が最大となる12時と，電力需要が最大となる15時の日射量の月間持続曲線の一例です．これによれば，8月の15時の最低5日平均日射量は0.217 kW/m²で，12時の最高値0.936 kW/m²の2割程度となっています．8月の12時の最高値は年間の最高値で太陽光発電の設備容量に対応するものとみれば，この場合の太陽光発電の発電能力は発電設備容量の20％程度とみることができます．もちろんこれは，1地点の1か月の実績日射量からの試算値にすぎませんが，自流式水力のように，太陽光発電についても各地点の長年の日射量の実績をもとに算定すれば，信頼性の高い発電能力が求められるものと考えられます．

また，関東地方の気象データから想定した例では，夏季の最大電力発生日に安定的に見込める太陽光発電出力は，地域差はあるものの，定格出力

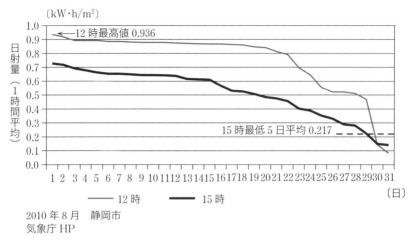

図7・5 日射量の月間持続曲線

の10～30％程度となっています[※11].

(c) シミュレーションによる発電能力の算定

これはIEA（国際エネルギー機関）の世界エネルギー見通し（WEO2011）で紹介されている方法です．

図7・6で，変動再生可能発電（風力，太陽光のように変動する再生可能エネルギーによる発電）がない場合の全負荷持続曲線（負荷を大きい順に並べた曲線）①と変動再生可能発電が先取りして供給した残りの残余負荷持続曲線②（需要電力と変動再生可能発電のシミュレーションから求める）を比較して，最大電力時点の両者の差の変動再生可能発電設備容量 P_V に対する比率を変動再生可能発電の容量クレジット（キャパシティ・クレジット）と呼んでいます．

※11 至近20年間（1991～2010年）の各年7～9月の各月最大3日電力発生日の15時について，太陽光発電出力の下位5日平均を求めたもの（総合エネルギー調査会・地域連系線強化に関するマスタープラン研究会中間報告，2012年4月）．

7・3 太陽光発電の供給力

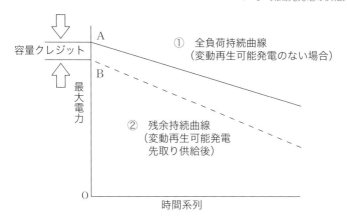

①②は負荷持続曲線を概念的に表したモデル

図7・6 容量クレジットの算定

$$
\begin{aligned}
容量クレジット &= \frac{\text{全負荷持続曲線のピーク値}\overline{\text{OA}} - \text{残余負荷持続曲線のピーク値}\overline{\text{OB}}}{\text{変動再生可能発電の設備容量}\,P_V} \times 100\,\% \\
&= \frac{\overline{\text{AB}}}{P_V} \times 100\,\%
\end{aligned}
$$

ここで,全負荷持続曲線：変動再生可能発電のない場合の負荷持続曲線,
　　　　残余負荷持続曲線：変動再生可能発電が先取り供給した残りの
　　　　　負荷持続曲線

最大電力時点では,変動再生可能発電によって,その他の電源が供給しなければならない電力が $\overline{\text{AB}}$ だけ減少しており,これが変動再生可能発電の発電能力に相当するものとみられます。たとえば,最大電力 $\overline{\text{OA}}=100$ 万 kW の需要に,$P_V=10$ 万 kW の変動再生可能発電で供給した残余の最大電力 $\overline{\text{OB}}=99$ 万 kW となれば,

$$容量クレジット = \frac{100-99}{10} \times 100 = 10\,\%$$

すなわち,容量クレジットは10％となります。この場合,10万 kW の変動再生可能発電を導入しても,最大電力時点では,その10％＝1万 kW の発電能力しか期待できないことになります。

変動再生可能発電の容量クレジットは,利用可能容量とも呼ばれ,従来

の電源供給信頼度を維持しながら，変動再生可能発電によって置き換えられる従来型電源の容量に相当しています（「風力発電の系統連系」欧州風力エネルギー協会，日本風力エネルギー協会訳，2012年12月）．

WEO2011では，変動再生可能発電として太陽光発電と風力発電の組合せをとり，世界各地の電力需要と過去の気象データから，上記の方法によって，2035年の負荷持続曲線を求めています．その結果，容量クレジットは，アメリカでは8％，OECDヨーロッパ地域では5％，世界では各地の最大電力時点における変動再生可能発電力によって5～20％とバラついており，平均9％程度となっています．ちなみに，変動再生可能発電の平均出力の設備容量に対する比率は，アメリカでは27％，OECDヨーロッパでは25％，世界では25％程度となっています．

(2) 太陽光発電の発電電力量

(a) 太陽光発電の導入率

太陽光発電の導入率は，電力系統にどれだけの比率の太陽光発電が導入されているかを表す指標で，次の二つがあります[※12]．

① エネルギー導入率

年間消費電力量E_Lに対する太陽光発電電力量E_P〔kW·h〕の比率で，

$$\text{エネルギー導入率} = \frac{E_P}{E_L} \times 100\% \quad (7·14)$$

② 容量導入率

ピーク負荷（最大需要電力）P_Lに対する太陽光発電設備容量P_P〔kW〕の比率で，

$$\text{容量導入率} = \frac{P_P}{P_L} \times 100\% \quad (7·15)$$

ここで，E_L，E_P，P_L，P_Pは発電端値とします．

これらの間には次の関係があります．

※12 「風力発電の系統連系」（2012.2，欧州風力エネルギー協会）で，風力について定義されているが，ここでは太陽光発電についても同様の定義を示します．

$$E_P = 8\,760 P_P \frac{F_P}{100}$$

$$E_L = 8\,760 P_L \frac{F_L}{100}$$

ここで，F_P：太陽光発電の設備利用率〔％〕，F_L：電力需要の負荷率〔％〕
したがって容量導入率とエネルギー導入率の間には次の関係があります．

$$\text{エネルギー導入率} = \frac{F_P}{F_L} \times \text{容量導入率} \tag{7·16}$$

電力需要の負荷率$F_L=65\%$，太陽光発電の設備利用率$F_P=12\%$とすれば，$F_P/F_L=12/65=0.185$となり，エネルギー導入率は容量導入率の約1/5となります．たとえば，太陽光発電設備を最大電力需要の10％導入しても，太陽光発電電力量は需要電力量の2％程度にしかなりません．これは，太陽光発電の設備利用率が低いためです．

(b) 太陽光発電の発電電力量

太陽光発電の設備利用率が日射条件から定まっており，需要電力量のどれだけの比率を太陽光発電で供給できるか，すなわちエネルギー導入率は，最大需要電力に対してどれだけの比率の太陽光発電設備を電力系統に連系できるか，すなわち容量導入率によって左右されます．

図7·7のように日間の電力需要変化に対しては，ベース供給力とピークおよびミドル供給力で供給しています．ベース供給力は，自流式水力，原子力，ベース火力[※13]，地熱で，出力を変化することがむずかしいか，著しく不経済となるために，ほぼ一定の出力で運転する供給力です．ピーク供給力は貯水式，揚水式水力やピーク火力で電力需要のピーク部分を分担し，ミドル供給力はミドル火力でベース供給力とピーク供給力の中間部分を分担します．ピークおよびミドル供給力が電力需要の変化に応じて出力を変化し，電力需給バランスをとる調整力の働きをしています．

太陽光発電とベース供給力の合計が電力需要を上回ると，その分が余剰

※13 ほぼ一定出力で運転するベース火力およびその他火力の最低出力（それ以下では運転できない最低可能運転出力）の合計

電力となり，そのままでは電力系統の周波数が異常に上昇して安定運転ができなくなります．

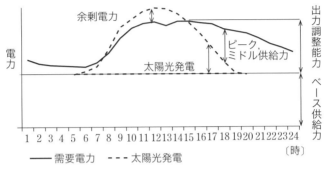

図7・7　太陽光発電の余剰電力

2020年度の需給見通しに基づく検討結果[※14]によれば，日本の年間最大電力1.7〜1.8億kWの電力系統で，ゴールデンウィークや年末年始など，需要の低い時期（特異日）には，昼間ピークが1億kW程度となり，太陽光発電設備が1 000〜1 300万kWを超えると，特異日に余剰電力が発生する可能性があるとされています．この場合の容量導入率は{(1 000〜1 300)/(17 000〜18 000)}×100＝6〜8％，エネルギー導入率は1〜2％となっています．これによれば，余剰電力を発生しない太陽光発電設備の限界は，最大電力の10％以下となります．

特異日の余剰電力対策としては，太陽光発電の出力抑制が経済的であり，余剰電力を大容量の蓄電池で蓄電するには多額のコストがかかるため，太陽光発電がさらに増加した場合の検討課題とされています．

このほかに，太陽光発電の出力変動を吸収して需給を安定化するバックアップ電源，電力系統の周波数変動や電圧変動対策についても検討が必要となります．

※14　低炭素電力供給システムに関する研究会報告書（2009年7月），次世代送配電ネットワーク研究会報告書（2010年4月）

(3) 太陽光発電の供給力のまとめ

以上をまとめるとこれまでの調査例ではおよそ次のようになります．

① 供給能力

夏季最大電力発生時に期待できる太陽光発電の供給能力[※15]は，設備容量の10〜30％程度となります．

② 供給電力量

ゴールデンウィークなど需要の低い特異日にも余剰電力を発生しない太陽光発電設備の容量限界は，最大電力の10％程度以下であり，供給電力量[※15]は需要電力量の2％程度以下となります．太陽光発電設備がこれ以上になると，太陽光発電の出力抑制や蓄電設備などが必要となります．

太陽光発電の供給能力は，太陽光発電の発電特性（季節的，時間的出力変化），電力需要変化，バックアップ電源の大きさ，特性などによって左右されます．今後，大量の太陽光発電の導入を円滑に進めるためには，次のようなデータの調査分析に基づいて，供給能力の算定精度を高めていく必要があります．各地点の日射量の長期実績データ，太陽光発電実績データの調査分析，各地域の平日，休日の日間負荷曲線の調査，太陽光発電の変動を吸収し，需給を安定化するバックアップ電源や蓄電設備の所要量など．

7・4 風力発電の供給力

(1) 風力発電の発電能力

風力発電は，発電電力が風速に左右され，季節や気象条件によって大きく変化すること，風力発電に適した風速の大きい地域が限られていること，風力発電所として広い用地が必要なことなどの問題はありますが，太陽光発電と同様に資源枯渇のおそれのない国産のクリーンな再生可能エネルギーであり，将来，電力系統への導入は急速に増加するものと見込まれてい

[※15] 正しくは発電能力，可能発電電力量で，これから計画停止分や所内消費分を差し引いたものが供給能力，供給電力量ですが，ここでは近似的に供給能力，供給電力量と称しています．

ます.

しかし,風力発電の変動特性と需給計画上の取扱いについては,あまり調査されていないので,ここでは風力発電の供給力について,過去の気象データからの試算と,これまでの検討例を紹介します.

(a) 風速の変化

過去の風速観測データのある日本の代表的な風の強い地点として,稚内市,秋田市,室戸岬を例にとって,風速の変化を調べてみます.

図7・8は,年平均風速の変化で,室戸岬の風速は概して稚内,秋田の2倍近くですが,各地点とも年平均風速の年による変化は1割程度で,大きな変化はみられません.

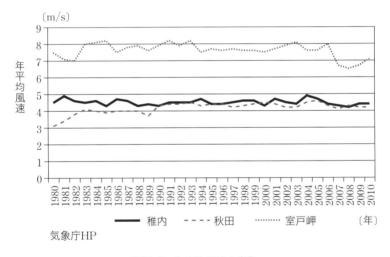

図7・8 年平均風速の変化

図7・9は,至近30年間の月平均風速の年間変化です.各地点とも,概して冬季が強く夏季の1.2～1.4倍となっています.

図7・10は,秋田と室戸岬の日平均風速の月間変化です.いずれの地点も,風速の大きい12月は日によって5～7倍,風速の小さい8月でも2～3倍の変化があり,日ごとの変化が大きくなっています.

図7・11,図7・12は,同地点の日平均風速最大の日と最少の日における1時間平均風速の日間変化です.日射量のように昼と夜とではっきりした

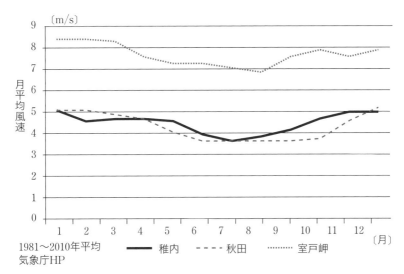

図7・9 月平均風速の変化

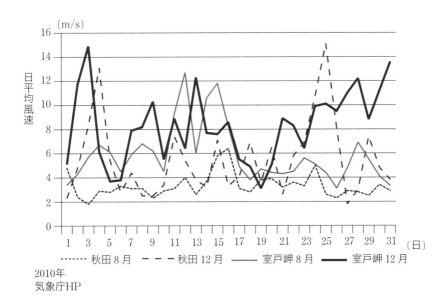

図7・10 日平均風速の月間変化

特徴的な差は見かけられませんが，日間変動は最小値から最大値まで大きく変動しています．

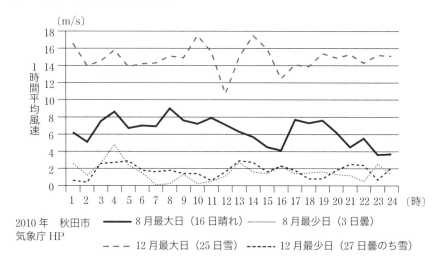

図7・11 風速の日間変化1（1時間平均）

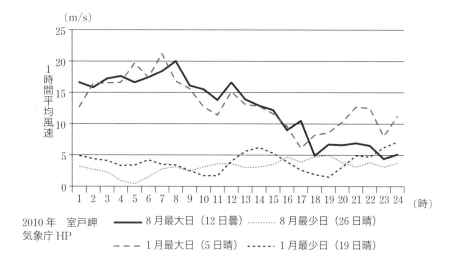

図7・12 風速の日間変化2（1時間平均）

　図7・13は，図7・11の秋田の12月の10分平均風速の日間変化です．1時間平均風速より激しい変動がみられます．

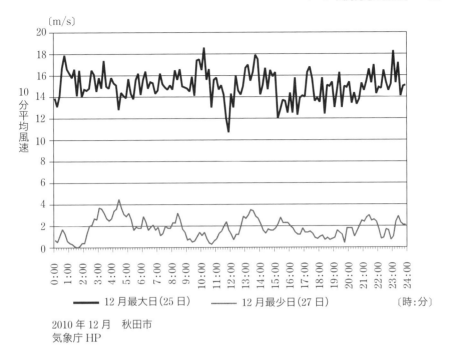

2010年12月　秋田市
気象庁HP

図7・13　風速の日間変化3（10分平均）

(b)　風速観測データによる発電能力の試算

　図7・14，図7・15，図7・16は，3地点の最大需要月（8月）と月平均風速最大月（稚内と室戸岬は1月，秋田は12月）の日平均風速の月間持続曲線（月間の日平均風速を大きさの順に並べた曲線）です．最大需要月の最低5日平均風速は，風速最大月の最大日平均風速の0.15〜0.26倍となっています．風力エネルギーは風速の3乗に比例しますから，最大日平均風力エネルギーに対する8月の最低5日平均エネルギーの比率は，この値の3乗で $0.15^3 \sim 0.26^3 = 0.003 \sim 0.018$ 倍となります．

　月平均風速最大月の最大日平均エネルギーは風力発電の設備容量に対応するものとみれば，風力発電の電力需要最大月（8月）の供給能力は，設備容量の2％程度以下となります．

　もちろん，これは代表地点の1か月のデータからの試算にすぎませんが，自流式水力の河川流況のように，至近数10年間の風速実績をもとに風力発

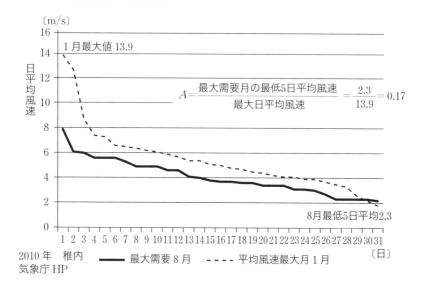

図7・14 日平均風速の月間持続曲線1

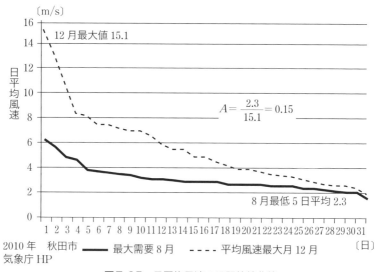

図7・15 日平均風速の月間持続曲線2

電の出力特性を考慮して算定すれば，信頼性の高い発電能力が求められるものと考えられます．

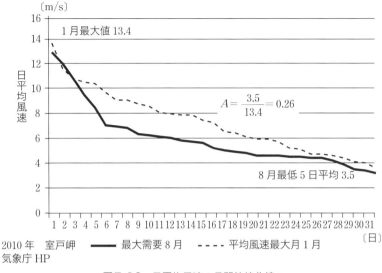

図7・16 日平均風速の月間持続曲線3

(c) 風力発電電力と需要との相関

2008年～2010年の特高系統に連系された風力発電出力の実測データと電力需要との相関例[※2]によれば，風力発電出力と需要の相関は認められず，高需要発生時にもごく低出力が頻発しています．このため，高需要発生時に安定な風力発電出力を見込むことはできず，供給力として期待することは不可能であるとされています．また，2013年夏の電力需給検証[※16]においては，風力発電の発電能力として最低5日平均（設備容量の1%程度）で試算しています．

(2) 風力発電の発電電力量

風力発電によって発電できる年間電力量は，年間の各時間帯の風速に対する発電出力を合計すれば求められます．年間の風況と発電特性から風力発電設備のおよその利用率が定まっていると，需要電力量のどれだけの比率を風力発電で供給できるか，すなわちエネルギー導入率は，最大需要電力に対してどれだけの風力発電設備を電力系統に連系できるか，すなわち

[※16] 総合エネルギー調査会「需給検証小委員会報告書」（2013年）

容量導入率によって左右されます.

(7・16)式で,風力発電の設備利用率を20％,電力需要の負荷率を65％とすれば,エネルギー導入率は容量導入率の20/65＝0.31倍程度となります.風力発電のエネルギー導入率は2007年度で0.3％程度ですが,従来のエネルギー基本計画（2010年）では2030年に1.7％程度を見込んでいます.容量導入率は2007年度で0.8％程度ですが,2030年度には5.5％程度と推定されます.

この場合も太陽光発電と同様,ベース供給力と風力発電の合計が電力需要を上回ると,その分が余剰電力となり,電力系統の安定運転ができなくなります（図7・17）.

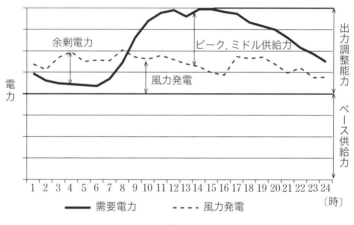

図7・17 風力発電の余剰電力

風力発電は,太陽光発電と異なって,昼も夜も発電しますが,深夜には出力を調整できるピーク,ミドル供給力は,ほぼ最低限近くまで絞っており,需要に供給するベース供給力の比率が高くなっていますから,余剰電力が発生しやすくなります.

余剰電力が発生する場合は,風力発電を抑制するか,蓄電池などの電力貯蔵設備を設置して余剰電力を貯蔵するなどの対策が必要となります.これらの対策を,技術的,経済的にどこまで導入できるかによって,風力発電の導入率の限界が決まってきます.

また風力発電は，風速の変化に伴って変動しますが，10〜20分程度の短周期変動に対しては，ピークおよびミドル供給力を自動的に調整して吸収し，電力系統の周波数変動を防止する必要があります．風力発電の変動分は，この周波数調整力（主に水力，火力が分担）の対応限界内にとどめる必要があり，この面から風力発電の導入率が制限されることがあります．

(3) 風力発電の供給力のまとめ

　以上をまとめると次のようになります．

① 供給能力[※15]

　各月の最低5日平均出力程度が見込まれます．

② 供給電力量[※15]

　風力発電の供給電力量の限度は，電力系統の安定運転を維持できる範囲で，どれだけの風力発電設備を導入できるかによって決まります．

　今後，風力発電地帯の長期的な発電実績，風速観測データに基づいて，風力発電の供給力特性を分析し，電力貯蔵設備などの電力系統安定化対策と電力系統に導入できる風力発電の限界容量を検討する必要があるものと考えられます．

第8章

電力需要と発電設備

要　旨

- わが国の需要電力は夏季の7〜8月に年間最大となり，近年では2001年7月に過去最大を記録しており，その後まだ記録更新はありません．
- 夏季の日間消費電力は，冷房需要により15時ごろが最大となっています．
- 1965年〜2010年の45年間に，最大電力は6.5倍に増加しているのに対して，発電設備容量も6.9倍に増加しています．
- 主要国の発電設備容量と最大電力の比率は，1.3〜1.8倍程度で推移していますが，近年ドイツでは利用率の低い太陽光発電や風力発電の増加により，2倍以上に急増しています．
- これまでの供給予備率は年によってバラツキがありますが，最低3％程度以上を保有しています．
- 1965年〜2010年の45年間に，一般電気事業の発受電電力量（需要電力量と同程度）は6.2倍に増加しており，最大電力の倍率6.5倍に近く，負荷率も60％台で大きな変化はみられません．
- 火力の発電効率は，各国とも年々向上していますが，日本はトップクラスを維持しています．また，発電電力量1 kW・h当たりのCO_2排出量も低位となっています．

8・1　最大電力と日負荷曲線

(1)　最大電力の推移

　ある期間（日，月または年）中に最も多く使用された電力は最大電力（または最大需要電力）と呼ばれます．これには記録の採り方により，瞬時値（瞬時最大電力，各瞬時の電力の最大値），30分値（30分最大電力，30分間の平均電力の最大値），1時間値（1時間最大電力，1時間の平均電力の最大値）などがありますが，一般に1時間値が使われます．1時間値（kW）は数値的には，その時間帯に使われた電力量（kW・h）と等しくなります．

　電力需要は，1年を通して季節によって大きな変化があります．図8・1は，10電力会社の合成最大電力[※1]が，7月24日（火）に過去最大値1億8269万kWとなった2001年度の，月別の最大電力の変化です．この図のように，近年は冷房需要の多い夏季に年間の最大電力が現れ，暖房需要の多い冬季にもこれにつぐピークが出ています．気候の温暖な春と秋の最大電力は小さく，月別の最大電力には1.4〜1.5倍の格差があります．

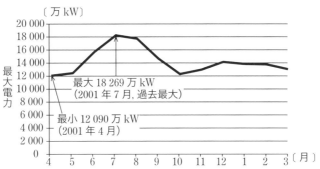

・発受電端，1日最大電力
・2001年度，電力10社合成
・電気事業データベース

図8・1　月別最大電力

※1　10電力会社合成最大電力：10電力会社の合計電力の最大値．各電力会社の最大値（一般に発生時刻が異なります．）の合計は合計最大電力と呼び，合成最大より大きくなります．

図8·2は近年の年間最大電力の推移です．2001年7月24日以降の記録更新はなく，最大電力は頭打ちとなっています．

・発受電端，1日最大電力
・1980年以前，電力9社合成
・1981年以降，電力10社合成
・電気事業60年の統計

図8·2 最大電力の推移

(2) 日負荷曲線と供給力の分担

(a) 日負荷曲線

1日の負荷の変化を表した曲線は，日負荷（にちふか）曲線と呼ばれます．図8·3は最大電力が過去最大の2001年7月24日の日負荷曲線です．最小電力（5時）は8 820万kWで，最大電力（15時）の半分弱となっています．この日は全国的な猛暑で，東京，大阪，仙台などの気温は35℃を超え，静岡，群馬などでは40℃を超える観測史上第1位を記録しています．

(b) 供給力の分担

1日の負荷変化に供給するために，各電源は運転特性，経済性，環境特性などを考慮して，次の3種類に分けて分担しています（図8·4）．

① ベース供給力

需要のベース部分を分担します．河川流量をそのまま利用する流込み式の水力，地熱，および燃料調達が安定しており燃料費が安い原子力と石炭火力で対応します．

② ミドル供給力

ベース供給力とピーク供給力の中間部分を供給します．燃料調達が安定しており，燃料費が安く，CO_2排出量の少ないガス火力で対応します．

③ ピーク供給力

需要のピーク部分を分担します．ほかに比べて燃料費は高いですが，燃料の取扱いが容易な石油火力，需要の変化に対応できる調整池式水力，または夜間にくみ上げた水を利用して昼間に発電する，出力調整の容易な揚水式水力で対応します．

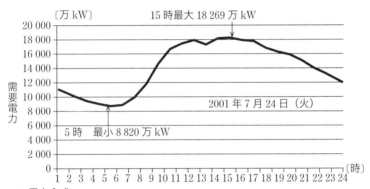

・10 電力合成
・発受電電力
・電気事業データベース

図8・3　最大電力発生日の日負荷曲線例

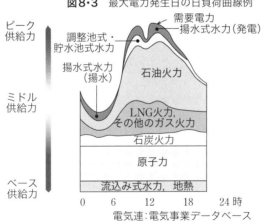

図8・4　供給力の分担例

8・2　発電設備の推移

(1) 原動力別発電設備

図8・5は，電気事業者と自家用を合計した全国の原動力別発電設備の推移です．1965年度の4 100万kWから2010年の2億8 232万kWまで，45年間に6.9倍に増加しています．同じ時期に最大電力（10社計）は6.5倍に増加しています（図8・2）．

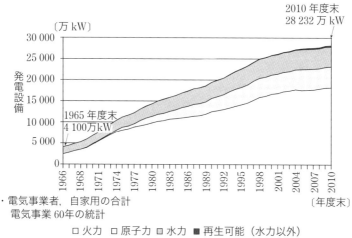

図8・5　原動力別発電設備の推移

1965年度末には火力:水力が60:40でしたが，2010年度末では火力:原子力:水力:再生可能が65:17:17:1と，原子力が水力と同程度まで増加しています．

図8・6は，太陽光発電，風力発電設備の推移で，いずれも近年急速に増加していますが，全発電設備に占める比率はまだ2％以下です．

(2) 電気事業者別発電設備

図8・7は，電気事業者別発電設備の推移です．一般電気事業者の比率は1965年から全国の3/4とほとんど変わっていませんが，自家用の比率がやや増加しています．

電気事業者の発電設備は，最大電力が横ばいなため，近年ほとんど増加

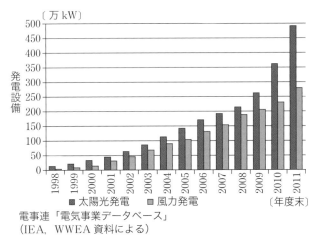

図8・6　太陽光，風力発電設備の推移

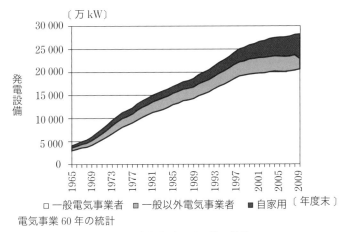

図8・7　事業者別発電設備の推移

していませんが，火力，水力の一部の経年発電設備は廃止され，替わって新鋭の発電設備が建設されています．

図8・8は，事業者別，原動力別発電設備です．一般電気事業者は，火力が6割，原子力，水力がそれぞれほぼ2割，自家用はほとんどが火力となっています．

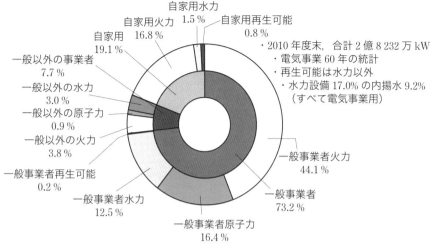

図8・8 事業者別発電設備

(3) 最大電力と発電設備の推移

図8・9は，8月の送電端最大3日平均電力と供給予備力の実績です．年によってバラツキがあるが，最低3％程度以上は保有しています．

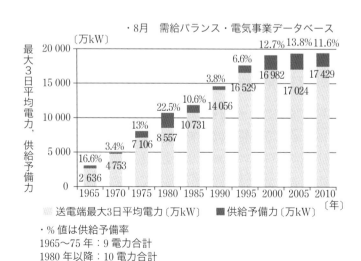

図8・9 最大電力需給バランス

図8·10は，主要国の発電設備容量と最大電力の比率で，両者のとり方に各国の差があり，また電源構成や需要動向も異なるため，一概に比較はできませんが，おおむね1.3～1.8程度の範囲にあるようです．近年ドイツでは，利用率の低い太陽光発電や風力発電の大量導入によって，この比率も大幅に増加しています．

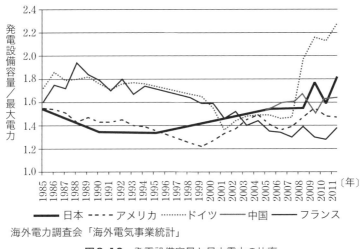

海外電力調査会「海外電気事業統計」

図8·10 発電設備容量と最大電力の比率

8·3 発電電力量の推移

図8·11，図8·12は，一般電気事業者のエネルギー源別発受電電力量の推移です．1970年代の石油危機以前は，石油が60％以上を占めていましたが，石油危機以降は石油に代わって石炭，ガス，原子力が増加し，2011年度には，石油14％，石炭25％，ガス40％，原子力11％，水力9％，その他再生可能エネルギー1％程度となっています．発受電電力量合計では，1965～2010年の45年間で6.2倍となっています．

原子力は2011年3月の福島第一原子力発電所事故以降，安全対策見直しのために停止し，発電電力量は大幅に減少しました．この代替として火力発電電力量が急増しています．原子力は，その後新しい安全基準に基づい

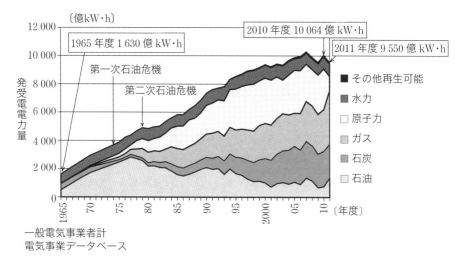

図8・11 発受電電力量構成の推移

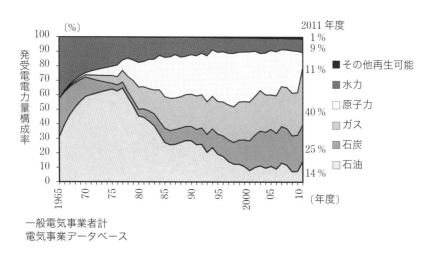

図8・12 発受電電力量構成率の推移

て順次大幅改修の上，安全審査を申請し再稼働に向けて諸準備を進めています．

図8・13は，一般電気事業者が購入している太陽光発電と風力発電の電力量です．2000年ごろから急増していますが，発受電電力量全体に占める比率は2011年度でも両者を合わせて0.7％程度となっています．

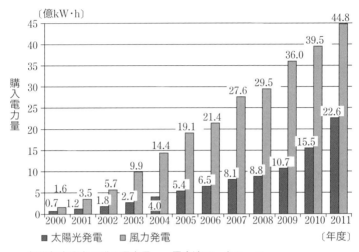

図8・13 太陽光,風力発電からの購入電力量

図8・14は,事業者別,原動力別の発電電力量です.

図8・15は,主要国の発電電力量構成率です.フランスは原子力が70％以上を占めています.その他の国,特に中国とインドは石炭が多くなって

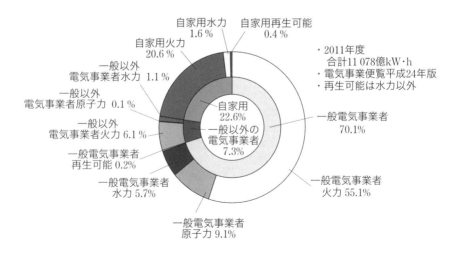

図8・14 電気事業者別発電電力量

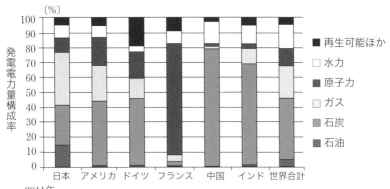

・2011年
・IEA エネルギー統計

図8・15 主要国の発電電力量構成率

います．

8・4 発電設備の特性

(1) 発電機ユニット容量の推移

図8・16は，日本で導入された火力と原子力の発電機ユニット容量（1台の容量）の変遷です．電力需要の増加に対して経済性の面から，蒸気の高温，高圧化と冷却方式の高度化によって，ユニットの大容量化と発電効率の向上が進められています．

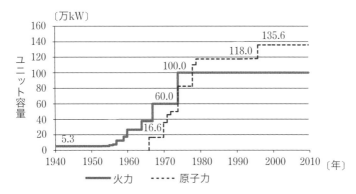

図8・16 火力，原子力発電機の最大ユニット容量の変遷

表8·1は，日本の現在の発電機のユニット容量の最大値で，火力は100万kW，原子力は135.6万kWですが，これに比べて水力，地熱，太陽光，風力などの自然エネルギーによる発電機は，自然エネルギー密度が低く気象条件や地理的条件によって左右されるために，ユニット容量は小さくなっています．太陽光発電は1発電所として13 000 kW，風力はユニット容量3 000 kWが最大ですが，さらに大容量機の開発が進められています．

表8·1 日本のユニット容量の最大値

	ユニット容量〔万kW〕
火力	100.0
原子力	135.6
水力	（揚水）47.0
地熱	6.5
太陽光[※1]	1.3
風力	0.3

〈※1〉 1発電所の総容量

(2) 負荷率と発電設備の利用率

(a) 負荷率

負荷率は，ある期間における需要の平均電力の最大電力に対する比率です．

$$負荷率 = \frac{一定期間の平均電力}{同期間中の最大電力} \times 100\,\% \tag{8·1}$$

図8·17は，電力10社平均の年負荷率の推移です．ここで，分子は各年の送電端平均電力（送電端電力量を年間総時間（平年は8 760時間）で割った値）を，分母は送電端最大3日平均電力[※2]をとっています．負荷率は電力需要の特性によって決まりますが，最近は60％台で推移しています．

(b) 発電設備利用率

発電設備の利用率は，ある期間における平均発電電力の発電設備容量に対する比率です．

※2 最大3日平均電力：ある月について毎日の最大電力を上位から3日とり，それを平均した値をその月の最大3日平均電力といいます．ここでは各月の最大3日平均電力のうち，1年で最も大きいものをとっています．

図8・17 負荷率の推移

$$発電設備利用率 = \frac{一定期間の平均発電電力}{発電設備容量} \times 100\,\% \quad (8・2)$$

需給バランスのとれた電力系統の合計でみたとき，(8・2)の平均発電電力は，(8・1)の需要の平均電力にほぼ等しく，また，(8・2)の発電設備容量は(8・1)の最大電力より大きくなりますから，発電設備の総合的な利用率は負荷率より小さく類似の傾向をとります．

図8・18は，発電設備の利用率です．原子力は燃料費が低いために60〜

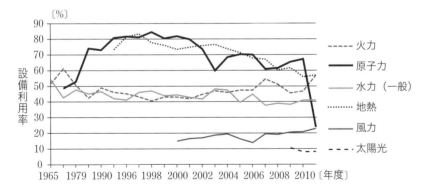

・資源エネルギー庁統計
・電気事業60年の統計
・一般電気事業者計

図8・18 発電設備利用率の推移

80％とほかの電源より高い実績をあげていましたが，2011年3月の福島第一原子力発電所の事故の影響で，2011年度以降大幅に低下しており，これを補完してたき増しした火力の利用率は60％近くに上昇しています．風力は20％程度，太陽光は10％程度と，風況や日射量の自然条件に左右されるため低くなっています．

(3) 二酸化炭素（CO_2）排出量

図8・19は，火力発電所の燃料別CO_2排出量原単位（発電電力量1kW・h当たりのCO_2排出量）です．ガス火力が最も少なく，石炭火力はガスの約2倍，石油火力はその中間となっています．日本はいずれも世界のトップクラスの低い値となっています．

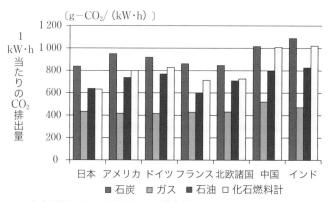

・火力発電 1kW・h 当たり CO_2 排出量
・2006〜2008年平均
・ECOFYS

図8・19 発電電力量当たりCO_2排出量

(4) 発電効率

発電効率は，消費した入力エネルギーのうち有効に発電電力量に変換された割合です．

$$発電効率 = \frac{発電電力量}{入力エネルギー} \times 100\% \qquad (8・3)$$

火力発電所の場合は熱効率とも呼ばれ，入力エネルギーは消費した燃料の保有発熱量で表されます．

$$入力エネルギー = 燃料消費量 \times 燃料の発熱量$$

発熱量は燃料の単位重量または単位容積当たりの発熱量[※3]です．

図8・20は，主要国の火力発電所の発電効率の推移です．日本は欧米諸国と比べてもトップクラスで，年々すこしずつ上昇しています．図8・21は燃料別の発電効率で，ガス火力が高く，日本はいずれもトップクラスです．

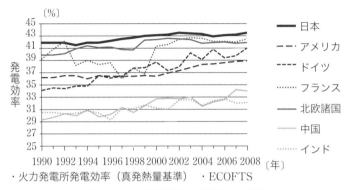

図8・20　火力発電所の発電効率の推移

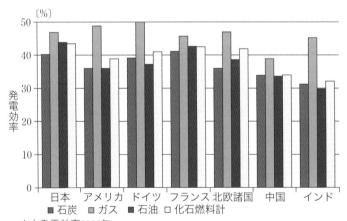

図8・21　燃料別発電効率

※3　日本の総合エネルギー統計（資源エネルギー庁）の発電効率は，総発熱量（燃焼時の総発熱量）を用いているので，真発熱量（総発熱量から燃料に含まれている水分の蒸発潜熱を差し引いた，熱として利用できる熱量で，総発熱量より5～10%低い）を用いている国際エネルギー機関（IEA）など発電効率（図8・20，8・21）より低く出ています．

図8・22は,各種発電方式の標準的な発電効率です.

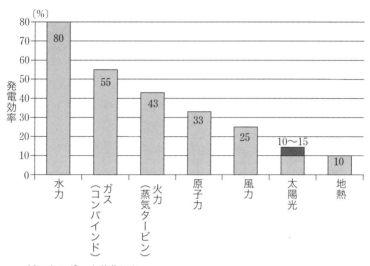

新エネルギー大辞典ほか

図8・22 各種発電方式の発電効率

第9章

電力流通システム

要　旨

- 電力系統の流通設備計画にあたっては，将来の電力需要想定，電源の新増設計画，都市計画，環境保全などの地域動向を考慮し，常時はもちろん，一部の電力設備の故障時にも，極力電力の安定供給を維持できるように計画することとしています．

- また，電力系統の運用にあたっては，既設の発電，送配電設備を活用して，需要家に適正な電圧，周波数の電力を，安定，経済的に供給することとしています．

- 送電線の送電容量は，短距離送電線では主に電線の電流容量から決まり，長距離送電線では主に系統安定度と電圧降下から決まります．後者は，ほぼ送電電圧の2乗に比例し，100 km程度以上になると後者によって制約されることが多いようです．

- ある区域に一つの配電用変電所から配電線で供給するモデル系統では，供給面積を広げると所要配電線が増加するため，供給区域を分割して複数の変電所から供給するほうが経済的となります．この特性は，これまでの154 kV以下の中間電圧階級の変電所，送配電線の増加傾向にも表れています．

- 1955〜2010年の55年間に，全国の最大電力（9電力会社合成）は18.7倍に増加していますが，この間に変電所出力は33.7倍と

なっています.

- またこの間に，送電線延長は3.2倍，配電線延長は3.3倍に増加しており，最大電力との関係は，配電用変電所から配電線で供給するモデル系統に近い特性を示しています.

9・1 電力系統の計画と運用

(1) 電力系統の計画の考え方

電力系統の設備計画にあたっては，将来の電力需要想定，電源の新増設計画，都市計画や環境保全などの地域動向を考慮し，供給信頼度基準に適合して，常時はもちろん，電力設備の故障時にも極力電力供給を維持できるように計画することとしています．具体的には，何時，どこに，どのような送電線，変電所，配電線をつくるかを，10〜20年先を見通して，時系列的に計画することです．実際は，上記の条件を満たすいくつかの計画案の中から，経済性，社会環境への適合性などを総合的に考慮のうえ，最適案を選定しています.

電力系統の設備形成および運用に関する基本的考え方については，電力系統利用協議会[※1]ルールの中に信頼度基準としてまとめられており，一般電気事業者はこれに基づいて詳細なルールを作成して，設備形成および運用を行っています.

その中の7kVを超える特別高圧系統が確保すべき信頼度基準およびその評価方法の概要は，表9・1，表9・2のように，常時および電力設備の故障時にも，発電機の安定運転と電圧，周波数の適正維持によって，極力供給支障を回避することとしています.

将来，どこにどれだけの電力需要が増加するかは，地域の経済動向などによって流動的な面があります．また，どこにどれだけのどのような発電

※1　2004年2月に設立された有限責任中間法人で，学識経験者，電気事業者，自家発設置者などを会員とし，公平性，透明性をもった電力系統の円滑な利用を支援するために，電力系統にかかわるルールの策定，監視，情報公開などを行っています.

9・1 電力系統の計画と運用

表9・1 電力系統の信頼度基準

項目	信頼度基準
設備健全時	・潮流が設備の常時容量[※3]を超過しない ・電圧が適正に維持される ・発電機が安定に運転される
単一設備故障時 ($N-1$故障[※1])	・原則として供給支障[※4]を生じない．ただし，その影響が限定的な供給支障は許容する ・電源の連系する系統では，その影響を限定的な発電支障[※5]にとどめる
二重設備故障時 ($N-2$故障[※2])	・希頻度であることから，一部の電源脱落[※6]や供給支障は許容する．ただし，供給支障規模が大きく社会的影響が懸念される場合などは対策を行うよう考慮する

〈※1〉 電力系統に使用されているN個の機器装置のうち1個が故障した場合．たとえば発電機1台，送電線1回線，または変圧器1台の故障など．
〈※2〉 電力系統に使用されているN個の機器装置のうち2個が同時に故障した場合．たとえば発電機2台の故障，送電線2回線の故障など．
〈※3〉 電力設備を許容温度上昇以内で連続して運転できる熱的容量．
〈※4〉 需要家への電気の供給が停止（停電）すること．
〈※5〉 送電線の故障などによって発電力が制限されること．
〈※6〉 発電機や電源線の事故などによって電力系統に並列運転している電源が電力系統から切り離されること．
〈※7〉 特別高圧系統の場合．電力系統の構成及び運用に関する研究会「電力系統利用協議会ルール」．

表9・2 信頼度基準の評価方法

項目	評価方法
設備の常時容量と過負荷容量[※1]	送電線，変圧器などの設備機器の損傷を防止するために，潮流が平常時は常時容量を，単一設備故障時は過負荷容量を超過しないこと
系統安定度	平常時および設備故障時にも系統安定度[※2]が確保できること．確保できない場合は，送電線の多ルート化による増強などの対策を行う
電圧安定度	夏季の重負荷時や送電線故障時にも電圧安定性[※3]が維持できること．維持できない場合は無効電力補償装置の設置などの対策を行う
周波数維持	送電線の1ルート事故[※4]による大電源脱落などにも，電力系統の周波数を発電機の運転可能範囲内に維持できること．維持できない場合は送電線の多ルート化などの対策を行う

〈※1〉 時間を限定して運転可能な設備の熱的容量．
〈※2〉 発電機が同期して安定に運転できること．
〈※3〉 電圧が適正範囲に安定に維持できること．
〈※4〉 同一鉄塔に架線されているすべての回線が停止する事故．
〈※5〉 特別高圧系統の場合．電力系統の構成及び運用に関する研究会「電力系統利用協議会ルール」．

所が建設されるかは，地域の電力需要，エネルギー動向などによって変化する可能性があります．したがって，電力系統の計画にあたっては，常にこれらの地域動向を織り込んで，電力需要に安定に供給できる送電能力をもっているかを検討しておく必要があります．また，電力流通設備の建設には計画から運転開始まで数年〜10数年かかり，いったん運転を開始すると数十年間使用されますから，長期的視点に立って既設系統との協調にも配慮しながら慎重に計画する必要があります．

すなわち，電力系統計画は，地域の需要動向と電源開発計画と密接不可分の関係にあり，これらと十分に協調を図っていかなければなりません．

(2) 電力系統の運用の考え方

電力系統の運用は，既設の発電，送電，変電，配電設備を活用して，需要家に適正な電圧，周波数の電力を安定に，経済的に供給することで，平常時の運用と異常時の運用に分けられます．

平常時の運用は，電力設備に故障のない平常時における運用で，系統構成の決定，電力系統の監視，潮流調整，必要な調整能力の確保を行います（表9・3）．

異常時の運用は，電力設備に故障が発生した場合に，故障箇所を高速に電力系統から切り離して設備被害を軽減し，その影響の電力系統への波及を防止して供給支障を極力小さくし，万一供給停止した需要家にはできるだけ早く電力供給を再開することです．具体的には，異常時の事前処置，故障発生時の処置，需給ひっ迫時の処置を行います（表9・4）．

9・2 電線の電流容量

(1) 電線の経済的断面積（ケルビンの法則）

電力流通システムは，発電所で発電された電力を多くの送電線，変電所，配電線を通して，工場，ビル，交通機関，住宅などの電力需要地点まで送電するシステムです．その基本となるのは送電電圧と電流ですが，はじめに電線の電流容量を決める電線の断面積（太さ）の選定について説明します．

表9・3 平常時の系統運用

系統構成の決定	・目標電圧や供給信頼度の維持,平常時および故障時の円滑な運用操作などを考慮して,系統に連系する発電機を決定し,送電線,変圧器などの接続点,分離点を決定する
電力系統の監視	・計測,情報伝送装置によって,発電機と送変電設備の運転状況,電力の需給状況,周波数,電圧,潮流などの系統状況を監視する
需給,潮流調整	・電力需要の変化に合わせて,各発電所の出力を調整し,電圧,周波数などの電力品質を適正値に維持する ・送変電設備の潮流が運用容量[※1]を超過しないように,また,燃料費,送電損失などの運用費用の軽減に努める
必要な調整能力の確保	・負荷周波数調整容量:平常時の需要変動に対して周波数と連系線潮流の安定維持を図るために,系統容量[※2]の1～2％の負荷周波数調整容量[※3]を確保する ・運転予備力:天候急変による需要急増や,発電機の脱落時の周波数維持を図るために,当日最大需要の3～5％または最大電源ユニット相当の運転予備力[※4]を確保する.このうち,瞬動予備力[※5]は3％程度を確保する ・電圧,無効電力調整容量:系統電圧を適正値に維持するために必要な電圧,無効電力調整容量を確保する

〈※1〉 設備の熱的容量および安定度限界を考慮した運用上の目標とする容量.
〈※2〉 ある時点の一つの同期連系系統内の需要電力の合計.
〈※3〉 連系系統では,周波数と連系線潮流を目標値に維持するために必要な電源調整容量.
〈※4〉 10分程度以内に増発できる予備力.
〈※5〉 10秒程度以内に増発できる予備力で,ガバナフリー発電機の余力分に相当する.
〈※6〉 特別高圧系統の場合,電力系統の構成及び運用に関する研究会「電力系統利用協議会ルール」.

表9・4 異常時の系統運用

異常時の事前処置	気象状況などにより,電力系統に故障が発生する懸念のある場合は,関係箇所への事前連絡,系統構成の変更,潮流調整など,故障の未然防止処置,拡大防止処置を行う
故障発生時の処置	故障が発生した場合には,関係箇所と連携しながら,故障など系統異常状況を把握,人身の安全確保,電力設備の保安維持を図るとともに,系統構成の変更,発電機の出力調整などによって,供給支障の迅速な解消を図る
需給ひっ迫時の処置	渇水,電力設備の故障,異常高・低温による電力需要の急増などにより,運転予備力が不足し,受給ひっ迫[※1]が予想される場合には,待機中の発電機の出力増加,他社からの受電増加,需要抑制または遮断などを行う

〈※1〉 需要が供給力の限界に近づくこと.
〈※2〉 特別高圧系統の場合,電力系統の構成及び運用に関する研究会「電力系統利用協議会ルール」.

ある電流を送るための送電線や配電線の断面積を選定するときに，断面積を太くすると送電容量が増加し，送電損失が減少しますが，反面，電線路の建設費が高くなって年経費が増加します．これらを合計した年経費が最も少なくなる経済的な電線断面積を選定する方法として，以下に述べるケルビンの法則があります（電気学会「送電工学，送電編II」）．

電線の単位長さ（1 m）当たりの年経費 C〔円/（年・m）〕は次のように表されます．

$$C = C_1 + C_2 \tag{9・1}$$

ここに，C_1：電線の固定費（$= C_{11}S + C_{12}$），$C_{11}S$：電線の年経費のうち断面積 S〔m^2〕に比例する部分，C_{12}：電線の年経費のうち断面積によって変わらない部分，C_2：電線の可変費（年間送電損失費 $= 3MI^2R$；3は3相分），R：電線の1 m当たりの抵抗（$= \rho/S$〔Ω〕），ρ：電線の固有抵抗（Ω・m），I：電線の年間最大電流（A），M：最大送電電力損失1 W当たりの年間送電損失費単価（円/W・年）[※2]

すなわち，

$$\begin{aligned} C &= C_1 + C_2 \\ &= (C_{11}S + C_{12}) + (3MI^2\rho/S) \end{aligned} \tag{9・2}$$

S の増加に伴って，右辺の第1項 C_1 は増加し，第2項 C_2 は減少しますから，C を最少とする S は C を S で微分したものを $= 0$ とおいて，

※2　年間送電損失費単価 M：M は年間最大電流時点の送電損失電力を年間送電損失費用に換算する係数．送電損失費用は，送電損失電力量費用と最大送電損失電力費用の和となります．

　　　送電損失費用 ＝ 送電損失電力量費用 ＋ 最大送電損失電力費用
　　　送電損失電力量費用 ＝ 年間送電損失電力量（W・h）× 電力量単価（円/W・h）
　　　年間送電損失電力量 $= 8\,760\,hP_L$
　　h：送電損失係数（最大送電損失電力 P_L に対する年間平均送電損失電力の比率）
　　　最大送電損失電力費用：最大送電損失電力を発電するための発電設備年間費用
ここで，送電損失電力量費用も最大送電損失電力費用も最大送電損失電力に比例しますから，最大電流時点の送電損失電力に比例係数 M をかけて年間送電損失費用が求められます．

$$\frac{dC}{dS} = C_{11} - \frac{3M\rho I^2}{S^2} = 0 \tag{9・3}$$

これから最も経済的な断面積 S_m は，次のように求められます．

$$S_m = \sqrt{\frac{3\rho M}{C_{11}}} I \tag{9・4}$$

このとき，

$$C_{11} S_m = C_2 \tag{9・5}$$

すなわち，電線年経費の断面積に比例する部分 $C_{11}S_m$ と年間送電損失費 C_2 が等しくなっています（図9・1）．いい換えれば「電線年経費のうち断面積に比例する部分と年間送電損失費が等しくなるような断面積が最も経済的」となり，これはケルビンの法則と呼ばれています．

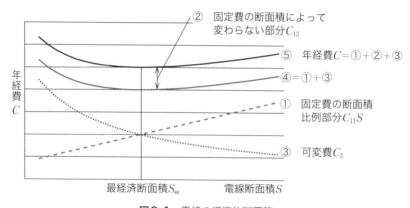

図9・1 電線の経済的断面積

(9・4)式から，「最も経済的な断面積は電流に比例する」または，「同種類の電線では各電線の単位断面積当たりの電流すなわち電流密度 I/S 〔A/m²〕を等しくすることが最も経済的」といえます．このことは電線の電圧にかかわらず，異なった電圧の送電線についてもいえることです．

(2) 電線の断面積と電流容量

電線に電流が流れると，電線の電気抵抗における電力損失によって発熱し，電線の温度が上昇します．電線の温度が高くなるほど周囲に放射される熱量も増加しますが，

$$\text{電線の発熱量} = \text{電線から放散される熱量} \tag{9・6}$$

となったときに電線温度は一定に維持されます．

電流容量は，電線の性能を損なわない最高許容温度の範囲で流せる電流で，安全電流または許容電流とも呼ばれます（電気学会「送配電工学，送電編Ｉ」）．

標準的に用いられている算定条件として，周囲温度40℃，電線の連続最高許容温度90℃，風速0.5 m/sとし，日射量などの影響は少ないので簡単のために省略すれば，電線の電流容量I_C〔A〕は断面積S〔mm²〕とおよそ次のような関係があります（**付録9・1**）．

$$I_C = AS^{5/8} = AS^{0.625} \tag{9・7}$$

Aは電線と算定条件によって定まる係数です．

図9・2，図9・3は，代表的なアルミ線，銅線について，電線表に算定されている断面積と電流容量から（9・7）の回帰式を求めたもので，$I_C = AS^{0.62 \sim 0.64}$と，（9・7）式に近い関係となっています．これによれば断面積が2倍になると電流容量は$2^{0.62 \sim 0.64} = 1.54 \sim 1.56$程度となっています．

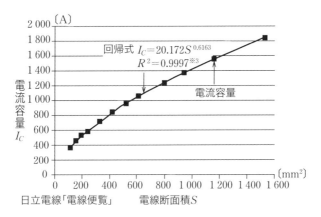

図9・2 電線断面積と電流容量（鋼心アルミより線）

※3　R^2は決定係数と呼ばれ，実際の電流容量と回帰式から求めた電流容量の相関係数の2乗に等しく，これが1に近いほど回帰式のあてはまりがよいことを示します．

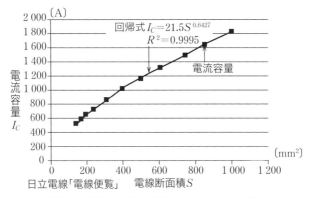

図9・3 電線断面積と電流容量（硬銅より線）

9・3　送電線の送電容量

(1)　送電容量の決定要因

送電線の送電容量は，実用上支障の生じない限度で連続して送れる最大電力です．これは，短距離送電線では主に電線の電流容量から，長距離送電線では主に電力系統の安定度と電圧降下（電圧安定性）から決まります．

送電線の送電電力P〔kW〕は，次のように求められます．

$$P = \sqrt{3}VI\cos\theta \tag{9・8}$$

ここに，V：送電線の電圧（三相の線間電圧〔kV〕），I：送電線の電流〔A〕，$\cos\theta$：電流の力率

ここで，力率は通常0.9～1.0程度ですから，送電電力は主に電圧と電流の積で決まります．

(2)　送電線の公称電圧の選定

送電線を新設するときに採用する公称電圧[※4]は，規格で決められている標準電圧の中から選定することになります（表6・3）．

高い電圧を採用するほど送電容量は増加し，送電損失は減少[※5]しますが，

※4　送電線を代表する電圧
※5　送電電力を一定とすると，送電電圧が2倍になると送電電流Iは1/2となり，送電損失$= I^2R$は1/4に減少します．

絶縁体や支持物が大形化し，建設費が高くなります．したがって現在および将来必要となる送電容量を充足する範囲で，経済性や近傍の既設送電線との協調，送電ルートの確保見通しなども考慮して選定する必要があります．

(3) 電線の電流容量の選定

送電線の電流容量 I_C から決まる送電容量 P_C は，次のように表せます．
$$P_C = \sqrt{3}VI_C\cos\theta \tag{9・9}$$

太い電線を採用すると電流容量は増えますが，電線支持物が大形化し建設費が高くなりますから，これも現在および将来必要となる送電容量，経済性，既設送電線との協調なども考慮して選定する必要があります．

(4) 送電線の送電容量例

表9・5は，代表的な架空送電線について，電流容量と安定度面からみた送電容量の概算例です．

送電線の電流容量は，電圧が高くなるほど大きく選定されることが多く，ほぼ電流容量∝送電電圧の関係がありますので，

$$\begin{pmatrix}電流容量面から\\の送電容量\end{pmatrix} \propto 電流容量 \times 送電電圧 \propto (送電電圧)^2 \tag{9・10}$$

となり，送電容量は電圧の2乗に比例する傾向がみられます．

また安定度面からみた送電容量は電圧の2乗に比例し送電距離に反比例して減少する傾向があります（第2章）．したがって送電線の送電容量は概

表9・5 送電容量例

公称電圧 (kV)	電線種類 ACSR 断面積 mm²× 導体数	電流容量 (A)[※1]	送電容量[※2]（万kW）				
			電流容量面の限界	安定度面の限界〔送電距離 km〕			
				50	100	200	300
66	160	455	5	12	6	3	2
154	610	1 050	26	60	30	15	10
275	610×2導体	2 100	95	240	120	60	40
500	810×4導体	4 960	408	920	460	230	150

〈※1〉 日立電線「電線便覧」
〈※2〉 1回線の値，送受電端電圧＝公称電圧，電流力率 $\cos\theta=1$，送受電端相差角＝30°

して送電電圧の2乗に比例する傾向がみられます．

表9・5では，100 km 以上になると電流容量よりも安定度で制約されるようです．

図9・4は，送電容量が電流容量で決まる短距離の66 kV と154 kV 送電線1 km について，送電容量1 kW 当たりの建設費を比較した例です．送電線は併架2回線単位で建設することとし，送電電力は全回線のうち1回線が事故または補修で停止しても残りの回線で送電できることとしています．送電電力5万 kW 以下では，66 kV が経済的ですが，6万 kW 以上になると154 kV のほうが経済的となっており，送電線用地確保面でも有利です．

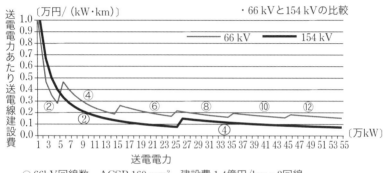

図9・4 送電電力あたりの送電線建設費例

表9・6は，電力会社の電気供給約款[※6]および託送供給約款[※7]の契約電力に対する供給電圧の適用例です．契約電力が大きくなるほど，高い電圧が採用されています．

※6 電気供給約款：一般の需要に応じて電気を供給する条件を定めたもの．契約電力50 kW 未満の非自由化需要が対象．

※7 託送供給約款：電力会社が契約者に頼まれて，自社の電力流通設備を通して，ある地点からほかの地点に電気を送り届ける条件を定めたもの．契約電力50 kW 以上の自由化需要が対象．

表9・6　電力の供給約款または託送約款の適用電圧例

約款	契約電力	供給電圧[※1]	公称電圧
電力供給	50 kW 未満	100 V または200 V	100 V または200 V
託送供給	50 kW 以上〜2 000 kW 未満	6 kV	6.6 kV
	2 000 kW 以上〜10 000 kW 未満	20,30 kV[※2]	22,33 kV
	10 000 kW 以上〜50 000 kW 未満	60,70 kV[※2]	66,77 kV
	50 000 kW 以上	140 kV	154 kV

〈※1〉 約款に定められている電圧.
〈※2〉 一地域においては,いずれかの電圧のみを採用.

9・4　配電モデル系統の最適構成

　一つの配電用変電所からその区域に分布している電力需要に供給する場合,供給面積を大きくすると,変電所の規模は大きくなって,スケールメリットで経済的となりますが,需要に供給する配電線が長くなって配電線の経費が増加します.ここでは,単位供給電力あたりの配電用変電所と配電線の経費の合計が最も少なくなる点を,配電系統の最適規模として求めてみます(**付録9・2**,福田節雄「電力系統工学」).

　図9・5のような面積 a 〔km^2〕,需要密度 σ 〔kW/km^2〕の円形区域の中心にある配電用変電所から,放射状の配電線で最大電力 $p=\sigma a$ 〔kW〕を供給するモデル系統において,配電用変電所の年経費 C_S は,供給電力 σa に比例する部分 $C_{S1}\sigma a$ と,供給電力によって変わらない部分 C_{S2} からなり,次のように表されます.

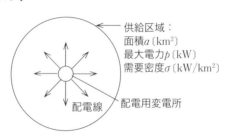

図9・5　配電用変電所供給モデル

$$C_S = C_{S1}\sigma a + C_{S2} \tag{9・11}$$

また，配電線の年経費は，

$$C_L = C_{L1}\sigma a^{3/2} \tag{9・12}$$

となり，配電用変電所と配電線の年経費合計 C は，

$$\begin{aligned} C &= C_S + C_L \\ &= (C_{S1}\sigma a + C_{S2}) + C_{L1}\sigma a^{3/2} \end{aligned} \tag{9・13}$$

単位供給電力当たりの年経費合計（図9・6）は，

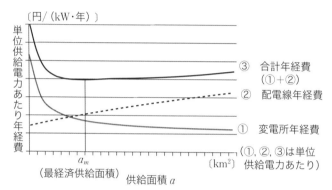

図9・6 変電所と配電線の年経費例

$$\frac{C}{p} = C_{S1} + \frac{C_{S2}}{\sigma a} + C_{L1}a^{1/2} \tag{9・14}$$

これを最少とする供給面積 a_m は次のようになります．

$$a_m = K\sigma^{-2/3} \tag{9・15}$$

このときの供給電力 p_m，変電所出力 q_m は，

$$p_m = \sigma a_m = K\sigma^{1/3} \tag{9・16}$$

$$q_m = \frac{p_m}{f_S} = \frac{K}{f_S}\sigma^{1/3} \tag{9・17}$$

ここに，f_S：最大電力時の変電所利用率

すなわち図9・6のように，単位供給電力当たりの年経費でみた場合，供給面積を増やすと配電用変電所の年経費は減少するが，配電線が増加して年経費が増え，最適供給面積 a_m で合計年経費が最少となります．

(9・13)式のように，供給面積 a を一定とした場合，需要密度の増加に伴

って配電用変電所と配電線の合計年経費も増加しますが，(9・15)式のように需要密度の増加に伴って供給面積を縮小すれば配電線の増加が抑えられ，合計年経費は少なくなります．

このような最適出力 q_m の配電用変電所を N_m 個並べて全供給面積 $A=N_m a_m$ 〔km〕の最大電力 P〔kW〕に供給した場合の設備構成は，マクロ的に次のようになります．

① 1配電用変電所の出力　　$q_m \propto P^u \propto \sigma^u$
② 配電用変電所の数　　　$N_m \propto P^v$　　　　　　　(9・18)
③ 配電線の電線延長　　　$L_{Tm} \propto P^r$

ここに，$u+v=1$, $q_m N_m \propto P$, σ：需要密度

モデル系統の試算（付録9・2）では，u, v, r は1/3〜2/3程度の値をとり，9・5の実系統でもこれに近い値となっています．

9・5　電力流通設備の推移

(1)　送電電圧の推移

送電電圧は，長年にわたる電力需要の増加，発電所の大形化，遠隔化，送電技術開発に伴って，逐次，高い電圧が採用されてきました．

図9・7は，日本で採用されてきた最高送電電圧の推移です．1900年代から1920年代にかけて，11 kVから154 kVの短中距離送電線が建設され，その後，1950年代に超高圧の275 kV送電線，1970年代に500 kV送電線が建設されました[※8]．1990年代には1 000 kV設計の送電線が建設されたが，現在500 kVで運転されています．

海外をみると，表9・7のように中国では世界で唯一，1 000 kV送電線が運転されています．ロシアでは1 150 kV送電線が建設されましたが現在525 kVで運転されています．また，アメリカ，カナダ，インドなどでは765 kV，日本，オーストラリアなどでは500 kV，イギリス，フランス，ドイツな

※8　通常，154 kVは15万4 000ボルト，275 kVは27万5 000ボルト，500 kVは50万ボルト，1 000 kVは100万ボルトと呼ばれています．

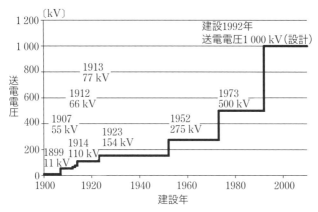

図9・7 日本の送電電圧の推移

表9・7 主要国の交流最高運転電圧

電圧区分	電圧	主要採用国
1 000 kV 以上	1 000 kV	中国 (ロシアは1 150 kV送電線を525 kVで,日本では1 000 kV送電線を500 kVでそれぞれ運転中)
500 kV 以上～1 000 kV 未満	765 kV	アメリカ,カナダ,インド,韓国,南アフリカなど
	525 kV	ロシア
	500 kV	日本,オーストラリア,エジプトなど
300 kV～500 kV 未満	400 kV	イギリス,フランス,スウェーデンなど
	380 kV	ドイツ,イタリア,スイスなど

・ 交流架空送電線電圧.「架空」は送電線関連現場実務者は長年「がくう」と呼んでいるが,電気学会「電気専門用語集 No. 21」では「かくう」と呼んでいる(長島洋雄「架空送電線の話」HP).

どのヨーロッパ諸国では380または400 kVの送電線が多く,長距離,大電力送電の必要な国ほど,高い電圧が採用されているようです.

(2) 変電所出力の推移

図9・8は全国の発変電設備の推移で,変電所出力は1955～2010年の55年間に2 388万kV・Aから80 447万kV・Aまで33.7倍に増加しており,全国の最大電力(電力9社合成)の942万kWから17 633万kWまでの18.7倍に比べて2倍近くの倍率で増加しています.図9・9のようになかでも基幹系統の187～500 kV変電所の増加が多く,2010年では全体の半分以上を占めて

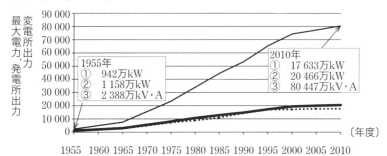

図9・8 発変電設備の推移

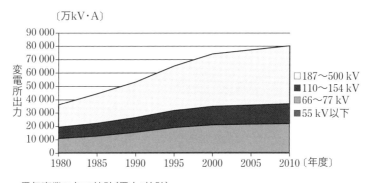

図9・9 変電所出力の推移

います．これは，主要電源の大形化，遠隔化に伴う長距離，大電力送電の増加と超高圧基幹系統の強化によるものとみられます．

図9・10は，1955～2010年度間の最大電力と変電所出力の相関図です．66～77 kV，110～154 kV変電所出力は最大電力の1.2倍，0.8倍程度でほぼ直線的に増加していますが，187～500 kVの超高圧変電所出力は最大電力の2.5倍程度で近年急増しています．

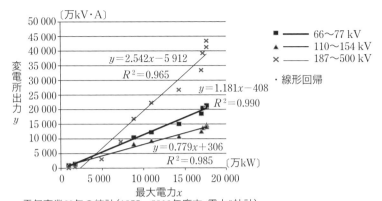

電気事業60年の統計(1955〜2010年度末, 電力9社計)

図9・10 最大電力と変電所出力の相関

図9・11は，同期間の最大電力 P と変電所平均出力 q の相関で，66〜77 kV変電所平均出力は最大電力 P の0.42乗，110〜154 kV変電所平均出力は同じく0.24乗程度の累乗回帰となっています．

$$q \propto P^u \quad (u=0.24\sim0.42) \tag{9・19}$$

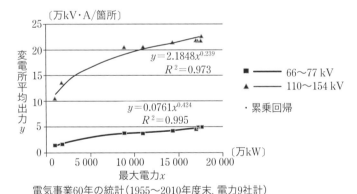

電気事業60年の統計(1955〜2010年度末, 電力9社計)

図9・11 最大電力と変電所平均出力の相関

図9・12は，同期間の最大電力 P と変電所数 N の相関で，66〜77 kV変電所数 N は最大電力 P の0.64乗，110〜154 kV変電所数は同じく0.75乗程度の累乗回帰となっています．

$$N \propto P^v \quad (v=0.64\sim0.75) \tag{9・20}$$

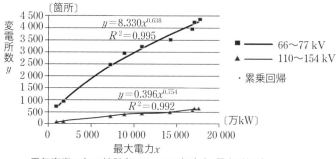

図9・12　最大電力と変電所数の相関

(3) 送配電線延長の推移

図9・13は，送配電線延長の推移です．1955〜2010年度の55年間に，送電線回線延長[※9]は6.6万kmから18.2万kmまで2.8倍に増加し，配電線電線延長は121.6万kmから399.9万kmまで3.3倍に増加しており，最大電力が942万kWから17 633万kWまで18.7倍に増加しているのに対して倍数は小さくなっています．

図9・14は，電圧別の送電線回線延長で，66〜77 kV送電線が最も多く，187〜500 kVの超高圧送電線は1960年代以降急速に増加しています．

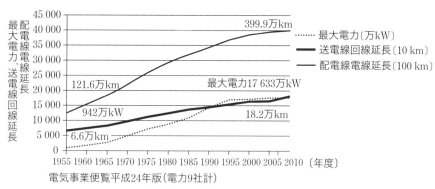

図9・13　送配電線延長の推移

※9　回線延長：2回線併架送電線（鉄塔1基に2回線を併架した送電線）のこう長が100 kmのとき，回線延長は200 km．

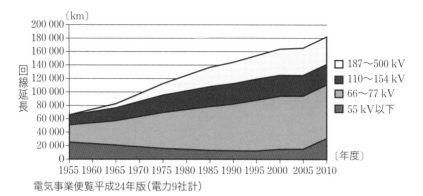

電気事業便覧平成24年版(電力9社計)

図9・14 送電線回線延長の推移

図9・15は,最大電力Pと送電線回線延長L_Tの相関で,66〜77 kV送電線はほぼ最大電力の0.39乗,110〜154 kV送電線は同じく0.26乗程度の累乗回帰となっています.

$$L_T \propto P^r \quad (r=0.26〜0.39) \tag{9・21}$$

指数rの変化は,電線の電流容量の変化,電源の導入,上位電圧送電線の導入などによるものと考えられます.

187〜500 kVの超高圧送電線は最大電力以上の増加率となっていますが,電源の大形化,電力系統の拡大に伴う大電力送電の増加によるものとみら

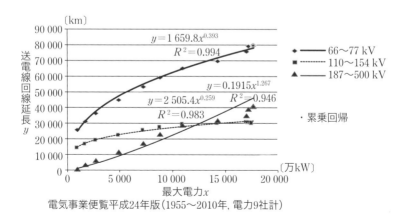

電気事業便覧平成24年版(1955〜2010年,電力9社計)

図9・15 最大電力と送電線回線延長の相関

れます.

図9・16は,最大電力Pと配電線電線延長L_{DT}※10の相関で,電線延長は最大電力の0.40乗に比例しており,モデル系統の1/3～2/3乗の間にあります.

$$L_{DT} \propto P^r \quad (r=0.4) \tag{9・22}$$

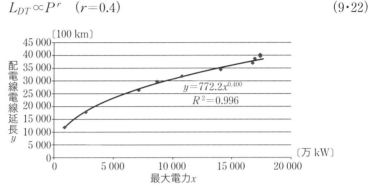

図9・16 配電線電線延長と最大電力の推移の相関

(4) 電力供給系統の最適構成

以上を要約すると次のようになります.

① 66～77 kVの変電所の平均出力は,最大電力の約0.4乗に比例して増加しています.

② 66～77 kV送電線の回線延長および配電線電線延長は,ほぼ最大電力の約0.4乗に比例して増加しています.

③ これらは配電モデル系統の試算値1/3～2/3乗に近い値となっています.

④ 面状に分布した電力需要に供給する場合,1か所の大規模変電所から供給すると電力輸送費(送配電設備費)が高くなるので,供給区域を数箇所に分割して,それぞれの拠点となる変電所から供給するのが経済的となります.この際,拠点変電所には上位電圧送電線で効率的に送電します.

※10 たとえば三相3線式1回線配電線10 kmの電線延長は30 km

付録9・1　電線の断面積と電流容量

電線の電流容量は，電線の性能を損なわない最高許容温度の範囲で流せる電流で，電流や日射による発熱量と，風やふく射によって電線から放散される熱量が連続許容温度でバランスする電流として次のように求められます（電気学会「送配電工学，送電編Ⅰ」）．

電線の単位長さ（1 m），単位時間（1秒）当たりの発熱量は，

$$\text{発熱量} = I^2R + \text{日射による発熱量} \tag{付9・1}$$

ここに，I：電線の電流〔A〕，R：電線の単位長さ当たりの電気抵抗〔Ω/m〕$=\rho/S$，ρ：電線の固有抵抗〔Ω·m〕，S：電線の断面積〔m^2〕$=(\pi D^2)/4$，D：電線の直径〔m〕$=(4S/\pi)^{1/2}$

電線の単位長さ（1 m），単位時間（1秒）当たりの放散熱量は，電線の表面積πDと電線温度上昇θに比例するから，

$$\text{放散熱量} = k\pi D\theta \tag{付9・2}$$

ここに，θ：周囲温度に対する電線の温度上昇分（電線温度 − 周囲温度），k：電線の熱放散係数（電線温度上昇1℃当たり，電線の単位表面積で単位時間に放散される熱量）

kは周囲温度，温度上昇，風速などの算定条件によって定まりますが，標準的に用いられている算定条件として，周囲温度40℃，温度上昇50℃，風速0.5 m/sとし，日射量などは影響が少ないので簡単のために省略すれば，

$$k = \frac{C}{\sqrt{D}} \tag{付9・3}$$

ここに，Cは算定条件によって定まる係数．

（付9・1）と（付9・2）を等しいとおいて，

$$I^2R = k\pi D\theta$$

$$I^2 = \frac{C}{\sqrt{D}} \cdot \frac{\pi D\theta}{\dfrac{\rho}{S}}$$

$$= C\pi\theta\rho^{-1}D^{1/2}S$$

$$= C\pi\theta\rho^{-1}\left(\frac{4S}{\pi}\right)^{1/4}S$$

$$= 2^{1/2}C\pi^{3/4}\theta\rho^{-1}S^{5/4}$$
$$\therefore \quad I = 2^{1/4}C^{1/2}\pi^{3/8}\theta^{1/2}\rho^{-1/2}S^{5/8}$$

したがって電線の電流容量I_Cは，断面積Sとおよそ次のような関係があることになります．

$$I_C = AS^{5/8} = AS^{0.625} \tag{付9・4}$$
$$A = 2^{1/4}C^{1/2}\pi^{3/8}\theta^{1/2}\rho^{-1/2}（電線と許容電流算定条件によって定まる定数）$$

実際に算定されている電線の断面積と電流容量から（付9・4）の形の回帰式を求めると，図9・2，図9・3のように，$I_C = AS^{0.62\sim0.64}$と同式に近い値となっています．

付録9・2　配電モデル系統の最適規模

(1) 電力輸送量

付図9・1のように，半径r〔km〕の円形区域に，需要密度[※11]σ〔kW/km^2〕で一様に分布した電力需要に，円の中心Oにある配電用変電所から，放射状の配電線で電力を供給する場合の電力輸送量[※12]をマクロ的に求めてみます．

微小角$d\alpha$〔rad〕の$\triangle$Oab，$\triangle$Ocdの面積は，
$$\triangle\mathrm{Oab} = \frac{r^2 d\alpha}{2}$$
$$\triangle\mathrm{Ocd} = \frac{x^2 d\alpha}{2}$$

だから，中心からx〔km〕の$d\alpha$部分を流れる電力uは，
$$u = \sigma\frac{(r^2 - x^2)d\alpha}{2}$$

$\triangle$Oab内の電力輸送量は，

※11　単位面積（1 km^2）当たりの年間最大電力需要

※12　電力輸送量は送電電力×送電距離で，1 kWを1 km送電するときの電力輸送量を1 kW・km，P〔kW〕をL〔km〕送電するときはPL〔kW・km〕とします．

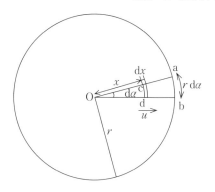

付図9・1 円形供給区域

$$\int_0^r u\,dx = \int_0^r \sigma(r^2 - x^2)\frac{1}{2}\,d\alpha\,dx = \sigma\,d\alpha \times \frac{1}{2}\left[r^2 x - \frac{x^3}{3}\right]_0^r$$

$$= \frac{\sigma r^3}{3}\,d\alpha\,[\text{kW}\cdot\text{km}] \tag{付9・5}$$

円形面積全体の電力輸送量 t は,

$$t = \int_0^{2\pi} \frac{\sigma r^3}{3}\,d\alpha = 2\pi\frac{\sigma r^3}{3}\,[\text{kW}\cdot\text{km}] \tag{付9・6}$$

全体の電力 p は,

$$p = \sigma a = \pi \sigma r^2\,[\text{kW}] \tag{付9・7}$$

また,円形面積 $a = \pi r^2$, $r = (a/\pi)^{1/2}$ ですから t は次のようにも表せます.

$$t = \frac{2}{3}pr$$

$$= \frac{2}{3}p\left(\frac{a}{\pi}\right)^{1/2} = \frac{2}{3\sqrt{\pi}}pa^{1/2}\,[\text{kW}\cdot\text{km}] \tag{付9・8}$$

(2) 年 経 費

(a) 変電所の年経費

変電所の年経費 C_S〔円/年〕は次のように表せます.

$$C_S = C_{S1}p + C_{S2} \tag{付9・9}$$

$C_{S1}p$:変電所年経費のうち送電電力 p に比例する部分

C_{S2}:変電所年経費のうち送電電力によって変わらない部分

(b) 配電線の年経費

配電線の電線延長 L は，配電線の容量を w〔kW/線〕，最大電流時の利用率を f_L とし，各線路の最大電力を wf_L とみて，マクロ的に次のように求められます．

$$L = \frac{t}{wf_L} = \frac{2}{3\sqrt{\pi}\,wf_L} pa^{1/2} \tag{付9・10}$$

配電線の年経費 C_L は，電線単位長当たりの年経費を γ〔円/km〕として，

$$C_L = \gamma L = \frac{2\gamma}{3\sqrt{\pi}\,wf_L} pa^{1/2} \tag{付9・11}$$

(3) 配電用変電所の最適規模

変電所と配電線の年経費合計 C は，(付9・9)，(付9・11) より，

$$\begin{aligned} C &= C_S + C_L \\ &= C_{S1}p + C_{S2} + \frac{2\gamma}{3\sqrt{\pi}\,wf_L} pa^{1/2} \end{aligned} \tag{付9・12}$$

最大電力1kW当たりの年経費 y は，

$$y = \frac{C}{p} = C_{S1} + \frac{C_{S2}}{\sigma a} + \frac{2\gamma}{3\sqrt{\pi}\,wf_L} a^{1/2} \tag{付9・13}$$

したがって y を最少とする最適供給面積 a_m は，

$$\frac{dy}{da} = -\frac{C_{S2}}{\sigma} a^{-2} + \frac{\gamma}{3\sqrt{\pi}\,wf_L} a^{-1/2} = 0 \tag{付9・14}$$

より次のように求められます．

$$a_m = K\sigma^{-2/3} \tag{付9・15}$$

ここに，

$$K = \left(\frac{3\sqrt{\pi}\,C_{S2}wf_L}{\gamma} \right)^{2/3}$$

このとき，1配電用変電所供給区域内の供給電力 p_m，電力輸送量 t_m

$$p_m = \sigma a_m = K\sigma^{1/3} \tag{付9・16}$$

$$t_m = \frac{2}{3\sqrt{\pi}} p_m a_m^{1/2} = \frac{2}{3\sqrt{\pi}} K^{3/2} \tag{付9・17}$$

上記の最適規模の配電用変電所を並べて全供給面積 A に供給すれば，合計設備構成は次のようになります．

配電用変電所の全数 N_m は，全供給電力 $P = A\sigma$ ですから，

$$N_m = \frac{P}{p_m} = \frac{P}{K\left(\frac{P}{A}\right)^{1/3}} = \frac{1}{K} A^{1/3} P^{2/3} \qquad (付9\cdot18)$$

1配電用変電所の出力 q_m は，

$$q_m = \frac{P}{N_m f_S} = \frac{K}{f_S} A^{-1/3} P^{1/3} \qquad (付9\cdot19)$$

ここに，f_S：最大電力時の変電所利用率

配電線の全延長 L_{Tm} は，

$$\begin{aligned}L_{Tm} &= \frac{N_m t_m}{w f_L} = \left(\frac{1}{K} A^{1/3} P^{2/3}\right)\left(\frac{2}{3\sqrt{\pi}} K^{3/2}\right)\frac{1}{w f_L} \\ &= \left(\frac{8 C_{S2}}{9\pi\gamma}\right)^{1/3} (w f_L)^{-2/3} A^{1/3} P^{2/3}\end{aligned} \qquad (付9\cdot20)$$

(4) 配電系統の最適構成

配電線容量 w は最大電力の増加に伴ってより大きなものが使われますが，簡単のために次の二つのケースに分けてみます．

① 配電線容量が一定の場合

配電線容量 w が一定の場合は，(付9·18)，(付9·19)，(付9·20) から，

$$\left.\begin{aligned}q_m &\propto P^{1/3} \propto \sigma^{1/3} \\ N_m &\propto P^{2/3} \\ L_{Tm} &\propto P^{2/3}\end{aligned}\right\} \qquad (付9\cdot21)$$

② 配電線容量が最大電力の増加に伴って増加する場合

電圧安定性や系統安定度面からの送電容量 P_{SM} は系統電圧の2乗に比例します．また，送電線の電流容量面からの送電容量 P_{CM}〔kW〕は，系統電圧 V〔kV〕と送電線の電流容量 I_C〔A〕の積に比例し，

$$P_{CM} \propto V I_C \qquad (付9\cdot22)$$

となります．したがって，送電容量は最大（需要）電力 P〔kW〕にほぼ比例するものとみれば，最大電力が4倍になったときに系統電圧は2倍となり，これに見合って電流容量も2倍とすれば，系統安定性面と電流容量面の送電容量の整合がとれることになります．すなわち，

$$
\left.\begin{array}{l} V \propto P^{1/2} \\ I_C \propto P^{1/2} \end{array}\right\} \qquad (付9\cdot23)
$$

となります．これは送電系統の過去の発展過程にもおよその傾向として見受けられます．

配電系統においても，配電線の（電流）容量 w が最大電力 $P^{1/2}$ に比例するものとすれば，$K \propto w^{2/3}$ ですから，（付9・18），（付9・19），（付9・20）は次のようになります．

$$
\left.\begin{array}{l} q_m \propto w^{2/3} P^{1/3} \propto \left(P^{1/2}\right)^{2/3} P^{1/3} \propto P^{2/3} \propto \sigma^{2/3} \\ N_m \propto w^{-2/3} P^{2/3} \propto \left(P^{1/2}\right)^{-2/3} P^{2/3} \propto P^{1/3} \\ L_{Tm} \propto w^{-2/3} P^{2/3} \propto \left(P^{1/2}\right)^{-2/3} P^{2/3} \propto P^{1/3} \end{array}\right\} \qquad (付9\cdot24)
$$

①，②をまとめると付表9・1となります．

実際の配電線に従来より太い電線が採用され，その系統の平均的な電流容量が増加する時期と最大電力の増加には時間的なずれがありますし，また，配電線単位長当たりの年経費 γ も電流容量すなわち電線断面積によって変化しますから，上記の最大電力と配電系統構成の関係はきわめてマクロ的な一つの見方ということになります．

付表9・1 最大電力 P と配電モデル系統の最適構成の相関

	配電線の電流容量	
	① 一定の場合	② 最大電力の増加に応じて増加する場合[※1]
配電用変電所出力 q_m(kV・A/変電所)	$P^{1/3}$ ($\sigma^{1/3}$)	$P^{2/3}$ ($\sigma^{2/3}$)
配電用変電所数 N_m(箇所)	$P^{2/3}$	$P^{1/3}$
配電線の電線延長 L_{Tm}〔km〕	$P^{2/3}$	$P^{1/3}$

〈※1〉 配電線容量 $w \propto P^{1/2}$ とした場合．

第III編

電力システム改革と課題

第10章

欧米の電力システム自由化

要　旨

- 欧米諸国では，1980年ごろからの世界的な規制緩和の潮流の中で，電気事業でも1990年代から規制緩和・自由化が進められました．それまで，電力会社が地域独占で一貫運営してきた発電，送電，配電，小売の各事業を自由化して，だれでも事業に参入できるようにし，需要家による電気事業者の選択を可能として，事業者間の競争を通じて電気料金を低下させようとするものです．

- アメリカでは，1992年に発電事業が自由化され，送電線も開放してだれでも公平に利用できるように，送電系統の運用機能の電力会社からの分離が進められました．小売事業でも州ごとに自由化が進められましたが，自由化したカリフォルニア州では電力需給がひっ迫して卸電力価格が高騰し，アメリカ北東部では大停電事故が発生したことなどから，現在では小売自由化はほぼ半分の州にとどまり，残りの州の電気事業は発送電一貫体制で，供給信頼度に重点が移っています．

- 欧州では，イギリスが世界に先駆けて1990年に国営電気事業を民営化し，発電，小売事業の自由化が進められました．ほかの国でもEU（欧州連合）指令に従って，発電事業・小売事業

の自由化，送電線の開放が進められ，従来の発送電一貫体制の電力会社から，送配電部門が別会社化されました．
◆ しかし，欧米の電気料金は自由化によって一時期低下しましたが，その後，燃料価格の高騰によって逆に上昇しています．また，企業間競争の導入結果，リスクを伴う発電所や送電線への長期的な大規模投資が進まず，供給余力の低下，大規模停電の発生が懸念されています．

10・1　電力システムの規制緩和の動向

1970年代の石油危機以降，欧米では景気低迷に対する改革の一環として，1980年ごろから，金融，情報通信，航空などさまざまな産業における規制緩和が進められ，世界的な潮流となりました．電気事業を含むエネルギー産業においても，1990年代から欧米諸国を中心に多くの国で規制緩和，自由化が進められました．

電力システムでは，従来は電力会社が，発電，送電，配電，小売[※1]の各事業を一貫して実施[※2]してきましたが，電力自由化は，だれでも自由に発電事業や小売事業を実施できるようにし，需要家による小売事業者の選択，事業者間の競争を通じて電気料金の低下，企業のビジネスチャンスの拡大を図ろうとするものです（図10・1）．

なお，発展途上国の電気事業の多くは，国営または国有企業で行われています．

(1)　アメリカの動向

アメリカでは，1992年のエネルギー政策法の制定により，連邦政府が規制権限をもつ発電部門の自由化が進められました．その後，送電線をだれでも自由に利用できるように，送電線を所有する電力会社に対して，送電

※1　小売：需要家に電気を売ること．
※2　発電から小売まで一貫して行う電気事業形態は，発送電一貫体制または垂直統合体制と呼ばれます．

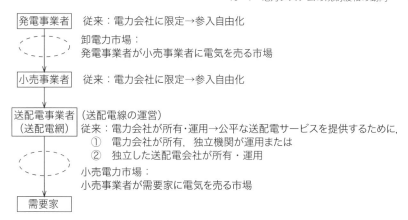

図10・1　電力自由化のイメージ

線の開放が義務づけられ，送電系統運用部門の機能分離[※3]が進められました．

　また，州政府が規制権限をもつ小売部門では，1998年にカリフォルニア州などで自由化が進められました．しかし，2000年，自由化したカリフォルニア州で電力需給がひっ迫し，卸電力価格が前年比10倍以上に高騰して，消費者が多大な損失を被る「カリフォルニア電力危機」が発生したこと，2003年には北米東北部大停電など供給信頼度を揺るがす事象が相次いで発生したことで，それまでの規制緩和政策を見直す機運が高まり，従来の競争原理を重視した電力自由化から，供給信頼性の確保に重点が移っています．

(2) 欧州の動向

　欧州では，1990年世界に先駆けてイギリスで国営の電気事業を民営化し，発電部門の自由化，小売部門の段階的自由化が進められました．

　EU（欧州連合）は，域内単一電力市場構築のために，1996年のEU電力指令で，発電部門の自由化，小売市場の段階的自由化，第三者に対して差別のない送配電系統の利用機会の提供，従来の発送電一貫体制の電力会社から運用面で独立した送電系統運用者の設置，発電・送電・配電部門会

[※3] 送電系統運用部門の機能分離：系統運用の中立性・公平性を確保するために，送電系統運用部門を分離して別組織とすること．

計分離[※4]による部門間相互補助の防止を進め，電気事業に競争を導入して，需要家による事業者の選択を可能としました．

さらに，2003年のEU指令で，2007年までに小売市場の全面的自由化および送配電部門の別会社化が規定されました．その結果多くの国で小売市場は全面自由化され，送配電部門も別会社化されました．アメリカの電気事業はほとんど民営ですが，欧州の電気事業はもとは国営が多かったために，発送電の会社分離はアメリカより多くなっています．

欧州の電気料金は，電力自由化の開始とともに1990年代後半には一部の地域で低下がみられますが，2000年以降は上昇に転じています（図10・2）．これは，燃料価格の高騰，再生可能エネルギー支援の分担金などが原因とみられています．特に全面自由化しているドイツ，スウェーデンなどで電気料金が上昇している反面，全面自由化していないフランス，イタリアは比較的安定しており，電力自由化が電気料金低下につながるというはっきりした結果は出ていません．

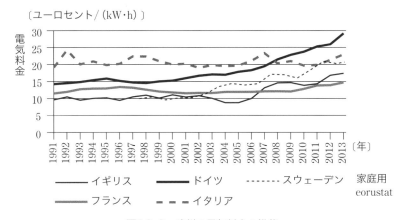

図10・2　欧州の電気料金の推移

また2003年には，イギリス，北欧，イタリアで相次いで発生した大規模停電をきっかけとして，電力の安定供給への関心が高まり，2005年に「電力の安定供給とインフラ投資に関するEU指令」を採択して，投資環境の

※4　会計分離：部門ごとに財務諸表を作成して会計面で分離，公開すること．

整備，供給信頼度目標の設定，適切な規制の採用などへの取組みを開始しています．

発電事業と小売事業を中心として電力市場の規制緩和を進め，競争を通じて経営効率化を目指す取組みは，1990年代後半には，電気料金の低減などに一定の成果をあげました．しかし一方では，競争に伴って電気事業者による電力設備投資が進まず，世界各地で大規模停電や供給余力の低下など安定供給に懸念が高まっており，燃料価格の高騰によって電気料金の上昇傾向もみられます．安定供給と電気料金の低減の両立が今後の電力システム改革の基本的課題となっています．

10・2　アメリカの電力自由化

(1) アメリカの電気事業

世界で初めての電力供給事業は，1882年アメリカのエジソンによってニューヨークで開始され，その後各地に多くの電気事業が設立されました．

現在，アメリカでは3 200以上の電気事業者があり，会社の所有形態により私営，連邦営，地方公営，協同組合営に分類されています．私営電気事業者（200社程度，日本の一般電気事業者すなわち10電力会社に相当）が伝統的に発電・送電・配電・小売供給サービスを一貫して提供し，全米販売電力量の約6割を供給しています．1990年代の電力自由化の進展に伴い，それぞれの部門を別会社にしているところもあります．

その他，卸発電事業を行う連邦営事業者（TVAなど9社），地方自治体が所有して主に配電事業を行う地方公営事業者（2 000社程度），農村などの組合員に電力を供給する協同組合営事業者（約900社）および「非電気事業者」と呼ばれる独立系発電事業者（IPP）や発電設備をもたずに電力取引だけを行うパワー・マーケターなどが電気事業に携わっています．

(2) 電力自由化の経緯

電気事業者は従来，発送配電一貫体制で事業を行ってきましたが，1992年のエネルギー政策法によって，卸電力市場が全米大で自由化され，発電部門にIPPの参入が認められました（表10・1）．

表10・1 アメリカの電気事業自由化の経緯

年	法令，件名	内　容
1990年代	各州単位の法令	小売電力市場の自由化
1992年	エネルギー政策法	卸電力取引の自由化，IPP参入
1996年	FERCオーダー888	送電線を所有する電気事業者に公平な送電サービスの提供を義務づけ ISOの設立推奨
1999年	FERCオーダー2000	RTOの設立推奨
2000年	カリフォルニア電力危機	電力需要増加，発電所建設停滞，電力会社の電力売り惜しみなどによる電力不足，価格高騰→一部の州で小売自由化の中断・廃止
2002年	エンロン社の破綻	エンロン社の不正経理・不正取引が露呈して破綻→電力会社の本業回帰
2003年	北米北東部大停電	樹木伐採不足により樹木電線接触→送電線停止→電力潮流回り込みによる連鎖的送電線停止→広範囲大停電
2005年	FERCの信頼度基準強化	各事業者の責任明確化，基準違反事業者の罰則法制化

連邦エネルギー規制委員会（FERC）は1996年に「オーダー888」により，送電線を所有する電気事業者に，送電線を一般に利用できるように公平な送電サービス（オープンアクセス）の提供を義務づけました．このため，送電線の運用機能を電気事業者から分離し（機能分離），送電系統を運用して電力系統の需給バランスを維持する独立系統運用者（ISO[※5]）を設置するよう推奨しました．さらに，1999年には「オーダー2000」により，州をまたいだ広い地域の系統運用を行い送電線の拡張計画も策定する地域送電機関（RTO[※6]）の設立を推奨しました（図10・3，表10・2）．

現在アメリカには七つのISOまたはRTOがあり，全米の電力需要の約半分がその制御区域にあります．ISOまたはRTOは，送電線のオープンアクセスによる発電，小売事業者の競争促進，送電系統の広域運用による供給信頼度の確保と効率的な電力供給，卸電力取引市場の運営，送電線建設計

※5　ISO：系統運用を行い，送電線は所有しません．アメリカでは送電線を所有する電気事業者は民営のため，その送電設備を強制的に第三者に移転することは財産権の侵害となってむずかしいようです．

※6　RTO：ISOよりも広い地域の系統運用と送電線の拡張計画策定を行い，送電線も所有できます．

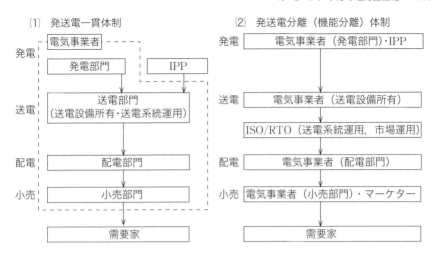

図10・3 アメリカの電力供給体制例

表10・2 欧米の系統運用機関

機関	主な採用国	送電線 運用	送電線 所有	主要業務
ISO 独立系統運用者(機能分離) Independent System Operator	アメリカ	○	×	州内の送電系統運用
RTO 地域送電機関(機能分離) Regional System Organization	アメリカ	○	×	州をまたぐ広域送電系統の運用,計画
TSO 送電系統運用者 (独立会社,所有分離) Transmission System Operator	イギリス	○	○	送電系統の運用,所有,計画,建設
ITO 独立送電運用者 (子会社[※1],法的分離) Independent Transmission Operator	フランス	○	○	送電系統の運用,所有,計画,建設

〈※1〉 親会社(持株会社または発電・小売会社)の子会社
〈※2〉 欧州では,全体の電力グリッド実現に向けて,各国の系統運用者(TSO, ITO)の協調機関として欧州電力系統運用者ネットワーク(ENTSO-E)を設けています.

画策定[※7]などに取り組んでいます.しかし,送電設備は電気事業者が所有し,ISO/TROは送電設備をもたないため,経済性を追求する動機が弱いという指摘も最近あるようです.

※7 RTOが策定するのは送電線建設計画案であり,送電線建設計画の決定権は,万一送電線建設によって発生する損失にたいしても経営責任を負う電気事業者にあります.

小売電力市場は1990年代から州単位で自由化が進められており，2000年までに50州のうち約半分が自由化されましたが，2000年のカリフォルニア州の電力危機や2002年のエンロン社の経営破綻を契機に，一部の州で自由化が中止されました．2013年現在，全米50州のうち13州およびワシントンDC（首都）で小売全面自由化が実施されており，このほか一部の州で大口需要家に限定した自由化が実施されています．その他，小売が自由化されていない州などほぼ半分の州では，従来どおり発送電一貫体制の電気事業者によって電力供給が行われています．

　なお自由化された州でも，受電している小売事業者の事業撤退などによって，だれからも電気の供給を受けられない需要家に対しては，既存の電力会社が最終的に供給責任を負うことが多いようです．

　自由化されたカリフォルニア州の電力危機は，2000年にIT産業の活況により電力需要が増加するなかで，厳しい環境規制による送電線，発電所の建設停滞，渇水による電力供給力の減少のほかに，一部の電力会社が価格をつり上げる目的で意図的に電力供給を絞ったことなどによって，電力が不足して大停電となり，電力価格も高騰する事態に陥ったものです．カリフォルニア州では，これを契機に自由化を中断しましたが，2010年に家庭用以外の需要家に対して，限定的な自由化を再開しています．

　また，2002年にはエネルギー会社のエンロン社が巨額の不正経理，不正取引が明るみに出て，破綻に追い込まれ，これ以降，アメリカの電気事業者の多くは「本業回帰戦略」と称される，堅実で安定した規制部門の電気事業を中核に据えた経営体制を目指しています．

　電気料金水準については，自由化が進んだ1999年までは低下しましたが，2000年以降は，燃料価格の高騰などによって上昇傾向にあり，自由化によってはっきりした料金引下げ効果はみられません（図10・4）．

(3)　電力自由化と供給信頼度

　電力自由化によって，それまで電力会社が発送配電一貫体制で運営してきた電力システムに，互いに競争関係にあって利害の反する多くの事業者が参加することになりました．このために送電線の利用者が増えて，潮流が送電容量限界に近づいても，環境問題や送電費用の負担など関係者の利

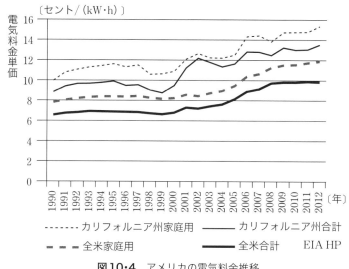

図10・4 アメリカの電気料金推移

害調整がむずかしいため，必要な送電線の建設が進まず，発送配電系統の一体的な協調が崩れて，大規模停電などの発生が懸念されていました．

このような状況下で2003年，アメリカ北東部からカナダにわたり，最大6 180万kWが43時間にわたって停電し，5 100万人が影響を受ける，アメリカ史上最大の大停電事故が起こりました．その経緯は，送電線下の樹木が電線に接触して送電線が停止し，そこを流れていた電力潮流がほかの送電線に回り込んで送電容量を超過し，次々に送電線が停止して送電電圧が不安定となって電力系統が動揺し，分断されて広範囲の停電となったものです．その原因は，電力系統に対する理解と状況認識の不足，緊急時の系統安定確保訓練の不足，樹木伐採の管理不足，隣接する系統運用機関との協調不足など，定められた信頼度基準の逸脱行為にありました．

これに対してFERCは2005年，それまでの信頼度基準を強化して，平常時の系統運用から非常時の措置にいたるまで，各事業者と系統運用機関が責任をもって取り組むべき行動基準を詳細に厳しく規定し，さらに法律によって信頼度基準を遵守しない事業者には罰則を課することができるようになりました．

10・3 イギリスの電力自由化

(1) イギリスの電気事業

(a) 国営電気事業の発足

イギリスの電力供給は，1881年，ロンドン近郊で開始され，企業や自治体を主体とする数多くの電気事業者が生まれました．その後，地域間の連系が進み，1947年に国営電気事業が発足して，1957年には図10・5(1)のような体制が確立されました．すなわち，イングランド・ウェールズ（E&W）地域では，中央発電局（CEGB）が発電と送電を独占し，CEGBから卸供給を受けた12の地域配電局が管轄区域内の需要家に独占的に電力を供給することになりました．スコットランドでは南スコットランド地域配電局（SSEB）と北スコットランド水力電気局（NSNEB）がそれぞれの地域に発送配電一貫体制で供給しました．

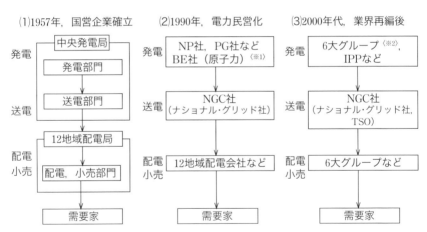

〈※1〉NP社：ナショナル・パワー社，PG社：パワー・ジェン社，BE社：ブリティッシュ・エナジー社（原子力発電会社）
〈※2〉6大グループ：RWE npower（ドイツRWE系），E.ON UK（ドイツE.ON系），EDFエナジー（フランスEDF系），スコッティッシュパワー（スペイン　イベルドローラ系），スコッティッシュ・サザンエナジー（イギリス　スコッティッシュ・サザンエナジー系），セントリカ（イギリス　ブリティッシュ・ガス系）

図10・5 イギリスの電力供給体制（イングランド・ウェールズ地域）

(b) 電力民営化

1990年，国営独占体制に起因する非効率的な事業運営の刷新を図るために，国営企業の民営化の一環として，電気事業も民営化されました．すなわち，E&W地域では，CEGBは発電2社，原子力発電1社と送電会社1社（ナショナル・グリッド社，NGC）に分割（送電部門の所有分離[※8]）され，それぞれ株式会社化されました．12の地域配電局は12の地域配電会社となりました（図10・5(2)）．また，発電，小売事業者も新規参入しました．

スコットランドでは，発送配電一貫体制のSSEBとNSNEBがそのまま株式会社化されました．これらの事業者には，定められた事項を遵守する条件で政府の規制機関からライセンスが与えられました．

(c) 業界再編の進展

その後，事業買収による業界再編が活発化し，E&W地域の12の配電会社（子会社）のほとんどは海外資本に買収され，イギリスの電気事業は6大電力・ガスグループの下に集約されました．6大グループは，ドイツ系2，フランス系1，スペイン系1，イギリス系2で，それぞれ送電を除き，発電事業と配電・供給事業に一貫して携わる統合化が進み，そのシェアは小売市場で9割以上，発電市場で7割となっています（図10・5(3)）．

送配電事業は，地域独占体制で営まれていますが，送配電事業者は送配電設備の利用を非差別的にほかの事業者に開放することになっています．

(2) イギリスの電力自由化

(a) 卸電力市場

1990年の電力民営化に伴って，卸売市場も自由化されました．当初は公設卸売市場（プール制）が導入され，発電事業者および小売事業者は取引電力全量をプールを通して売買することが義務づけられていましたが，プール制は一部の発電事業者が市場支配力を行使して卸電力価格が高止まりするという構造的な欠陥によって2001年に廃止されました．代わって発電事業者と小売事業者が1対1で交渉する相対取引（あいたいとりひき），取引所取引，需給調整市場も取り入れた自由な取引制度が導入されました．送電系統はE&W地域

[※8] 所有分離：送電部門を分離して電力会社と資本関係のない独立した会社とすること．

ではナショナル・グリッド社（送電系統運用者，TSO）が所有・運用しています[※9]．

(b) 小売市場

小売市場は1990年から自由化が進められ，1999年には全面的に自由化されました．小売事業者はどの需要家にも供給でき，価格は当事者間で自由に設定され，小売価格規制は廃止されました．ただし，家庭用料金は供給事業者の定めた供給約款によることになっています．

電気料金は1990年代後半から低下しましたが，2003年の世界的原油価格の上昇を契機に上昇に転じています（図10・2）．

10・4　フランスの電力自由化

(1) フランスの電気事業

1946年，第二次世界大戦後の急速な経済再建の必要性から，それまで私企業中心であった電気事業は，新設されたフランス電力公社（EDF）のもとに国有化され，発送電一貫体制で独占的に実施されました．

2004年に，EDFは民営化されてフランス電力株式会社（EDF）となり，この下に発電，送電，配電，小売の各部門が子会社化されました．送電部門は法的分離[※10]されてフランス送電会社（RTE，EDFの子会社）となりました．RTEは独立送電運用者（ITO）として，送電設備の所有・運用を行い，卸売，小売事業者に非差別的な送電サービスを提供するとともに，電力需給調整，国際連系系統の管理も行っています．

配電部門は，フランス配電会社（ERDF，EDFの子会社）となり，配電設備を所有し，運用しています（図10・6）．

小売事業は，EDF，地方配電事業者，新規事業者によって行われていますが，そのうちEDFの販売電力量のシェアは95％となっています．

※9　送電線はE＆W地域はNGC社，スコットランド地域は地元の2社が所有しています．
※10　法的分離：送電部門を分離して子会社とすること．子会社：ほかの会社（親会社）から経営上の支配を受けている会社．

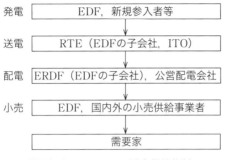

図10・6 フランスの電力供給体制

　フランスの場合は，イギリス，ドイツに比べて，電気事業の公共性を重んじる立場から，子会社化され民営化に伴う組織変更も小規模となっています．

　発電設備計画はRTEが作成する需要想定を考慮して政府が策定し，それに基づいて発電設備入札制度での落札電源が建設され，EDFおよび地方配電事業者が購入することになっています．送電設備の建設はRTEが地区ごとに作成した計画を集約した全国送電設備計画に基づいて実施されます．

(2) フランスの電力自由化

　1996年のEU電力自由化指令を機に，2000年に電力自由化法が制定され，①発電事業の自由化，②小売電力市場の段階的自由化（2007年までに全面自由化），③送配電系統の第三者利用，④送配電事業の会計分離などが規定されました．

　卸電力取引は，電気事業者と小売事業者間での相対契約や電力取引所で国外電気事業者も参加して行われています．

　小売の自由化により，すべての需要家は小売供給事業者を選択することが可能となりました．従来どおりEDFから買う場合は規制料金が適用され，EDFから離脱した需要家には市場料金が適用されます．燃料価格の高騰などによって市場価格が規制料金より高くなったため，市場価格に上限が設けられましたが，EDFを離脱した需要家は，産業用・業務用需要家は22％，家庭用需要家は6％にとどまっています．

　EDFはフランス国内の発電設備の9割を所有し，国内の発電市場，小売

市場で圧倒的なシェアを維持しています．

　フランスは原子力比率が80％と高く，ほかのEU諸国より電気料金は低くなっています．

10・5　ドイツの電力自由化

(1)　ドイツの電気事業

　ドイツでは従来，競争による弊害を回避し，安定に安価な電力供給を行えるように，電力設備に対する投資や事業参入は規制されていました．このために，発電から送電，配電，小売まで一貫体制の八つの大手私営電力会社が，各地域の独占的な供給体制を維持して，電気事業の中心的な役割を担っていました．また，配電事業，小売事業は，自治体行政区を供給区域とする小規模の公営電力会社も行っていました．

　1996年のEU電力自由化指令を受けて，ドイツでは1998年に新しいエネルギー事業法が施行され，電気事業の体制は大きく変化しました．8大電力会社は事業の合併が進み，2002年には4大グループ[※11]に収れんしました．また，4大グループによって，各地域で配電事業を担っていた公営電力会社の買収・資本参加が増え，4大グループの販売電力量に占めるシェアは2004年には7割以上に達しました．

　各グループの内部組織は，持株会社の下に発電，送電，配電，小売の事業ごとに別会社化されています（図10・7）．

　2005年現在，発電事業では4大グループが国内の総発電設備の約8割を所有し，総発電電力量の約9割を占めています．送電事業では，4大グループの送電子会社が超高圧送電線を独占的に所有・運用しています．その後，欧州委員会からの圧力や債務削減などのために，大手4社の送電子会社のうち，2社はオランダとベルギーの送電会社に，1社は国内の銀行に売却され，送電子会社を所有するのはEnBW 1社のみとなりました．

※11　4大グループ：ドイツ系がE.ON，RWE，EnBWの3社，スウェーデン系がVattenfallの1社の4グループ

図10・7 ドイツの電力供給体制一例

(2) ドイツの電力自由化

1998年の新しいエネルギー事業法により，小売事業の全面自由化，発電・送電設備に対する設備投資規制の廃止，電力市場への新規参入，第三者による系統アクセスの採用，発送電一貫体制の電気事業者の発電・送電・配電ごとの会計分離（2005年改正により，送電・配電部門の別会社化）などが定められました．

1998年の全面自由化以降，電気料金は低下傾向にありましたが，2000年ごろを底に上昇に転じています．これは世界的な燃料価格の高騰，環境税，再生可能エネルギー普及のための分担金などによるものです．

また，ドイツでは原子力発電の廃止が進められ，代わりに再生可能エネルギー発電が市場価格より数段高い固定価格で買い取られて[※12]大量に拡大しています．このために，風況に恵まれた北部に大量の風力発電が建設され，原子力の廃止された南部の大需要地帯への送電線が容量不足となり，余った風力発電は卸売市場できわめて安い価格で隣国に引き取ってもらうこともある模様です．これを解消するための大規模送電線の建設も地元住民の反対で遅れており，発電所と送電線の建設のミスマッチが問題となっています．

※12 市場価格との差額は電気料金に上乗せして一般需要家が負担しています．

第11章

電力システム改革と課題

要　旨

- 日本の電気事業は，1887年，民間電力会社が一般に電気の供給を開始してから急成長し，第二次世界大戦を挟んだ国家管理時代を経て，1951年に9電力会社（後に10電力会社）が発足しました．

- 10電力会社は，発送配電設備を一貫運営し，全国10地域の電力需要に独占的に供給責任を負うもので，電気料金は政府の査定を受けた総括原価をベースとした規定料金制が採用されました．

- 1990年代のバブル崩壊後，世界的な規制緩和の流れに沿って，電気事業に競争原理を導入して電気料金を引き下げる目的で，数次にわたって電気事業制度が改革されました．これにより，卸発電事業の自由化，小売事業の自由化の段階的拡大，電力会社の所有する送配電線の利用開放，電力系統の計画，運用にかかわる公平な基本的ルールの制定などが行われ，電気料金は着実に低下し，世界トップクラスの停電の少ない高い供給信頼度が達成されました．

- 2011年の東日本大震災を契機に，さらなる電気事業改革を目指して，2013年に電気事業法が改正され，広域的運営推進機関

◆ の設立，小売の完全自由化，発電と送電の会社分離などを進めることとされました．

◆ 欧米の電気事業の自由化は日本より先行していますが，期待に反する電気料金の上昇，供給責任の欠如による発電所，送電線の建設停滞，発電と送電の協調不足，海外資本による電気事業支配などの問題が提起されています．

◆ 日本でも今後の自由化の推進にあたっては，電気事業関係者による供給責任の分担，発送電の一体的運営体制の構築，電力価格の高騰を招き安定供給を脅かすような投機的投資の規制，電力設備投資の支援などの課題があげられています．

◆ 電力の自由化は，規制による発送電一貫体制に比べてメリット，ディメリットがあり，最終的な需要家への安定供給と価格低下に向けて，関係者の協調と適正な規制が必要と考えられます．

11・1　日本の電気事業の変遷

(1)　電気事業の創成と成長

　日本で初めて電気によるあかりがともったのは1878（明治11）年3月25日です[※1]．日本最初の電気事業は1883年に発足した東京電灯株式会社で，1887年から一般に電気の供給を開始しました．これは世界で初めてアメリカのエジソンがニューヨークで電気の供給を開始した1882年から5年後のことです．

　その後電気の利用拡大に伴って，各地に電気事業者が増え，ピーク時の1932（昭和7）年ごろには約850社になりました．このように乱立した電気事業者は，各地の電力設備の重複を避けて経営の効率化を図るために，合併が相次ぎ5大電力会社[※2]が形成されていきました（図11・1）．

※1　3月25日は電気記念日とされています．
※2　東京電灯，東邦電力，大同電力，宇治川電力，日本電力

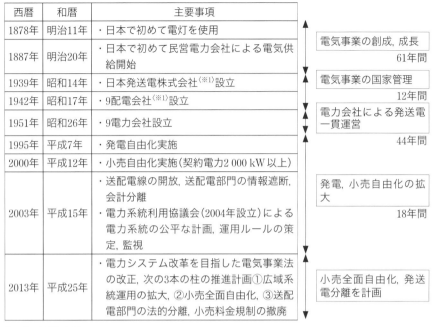

図11・1 日本の電気事業の沿革

〈※1〉 国策会社

(2) 電気事業の国家管理

1931年の日中戦争を契機に，その後の電力需要の増加と戦時体制に向けて，電力の国家管理の動きが盛り上がりました．1939年，日本発送電株式会社が発足し，全国の1万kW以上（その後5 000 kW以上に拡大）の火力発電所と100 kV以上の送電線ならびにこれに接続する変電所を一貫運営することになりました．さらに1942年には，その他の電力供給事業を全国9地域別に統合する9配電株式会社が発足し，電気事業は国家によって完全に独占，統制されることになりました．

(3) 9電力会社による発送電一貫体制

第二次世界大戦終戦後の1951年，電気事業の再編成が実施され，日本発送電株式会社を解体して各地の配電会社と統合し，全国に9電力会社[※3]が

※3　1988年，沖縄電力が民営化して10電力会社となりました．

発足しました（図11・2(1)）．各電力会社は，全国9地域別に，発送配電設備を一貫運営して，各地域の電力需要に独占的に供給する責任を負うものです．電気料金は，政府の査定を受け，一般需要家の意見を取り入れて国に認可された規定料金で供給することになりました．

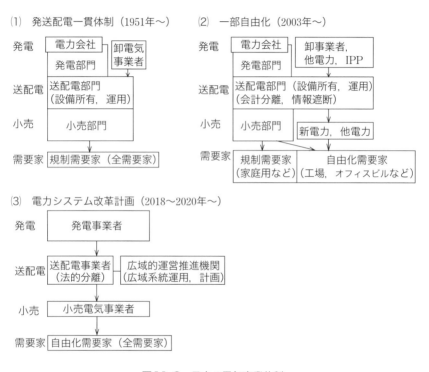

図11・2 日本の電気事業体制

(4) 電力自由化

1990年のバブル経済崩壊後，電気事業に競争原理を導入してコストを低減し，海外諸国との料金格差を是正しようとする議論が起こり，1995年から数次にわたって電気事業制度が改革されました．

1995年には卸発電事業が自由化され，認可を受ければだれでも発電事業を行って電力会社に電気を売ることができるようになりました．この発電事業者は独立系発電事業者（IPP）と呼ばれます．

また2000年には，おおむね20 kV以上で受電する契約電力2 000 kW以上

の大口需要家を対象に，小売自由化が認められました．これにより新電力と呼ばれる特定規模電気事業者（PPS）は，電力会社の送配電線を利用して電気を送り，2 000 kW以上の需要家（全国販売電力量の約3割）に電気を売ることができるようになりました．さらに2005年には，高圧受電で50 kW以上の需要家（同約6割）まで小売自由化範囲が拡大されました．

現在，一般家庭を含めた50 kW未満の需要家は，一般電気事業者（10電力会社）が従来どおり，認可料金で独占的に電気を供給していますが，2016年からこれもすべて自由化する計画となっています．

(5) 送配電線の開放

電力会社が他者の求めに応じて，自社の送配電線を通して，ある場所から別の場所に電気を送ることは託送と呼ばれています．電力会社は正当な理由なく託送を拒否してはならないこととされ，託送義務またはオープンアクセス義務と呼ばれています．

ほかの電気事業者が公正・公平・透明なルールのもとで，電力会社の管理・運用する送配電線を利用できるように，電力会社には行為規制が導入されました．これは送配電部門がほかの電気事業者との託送業務を通して知り得た情報の目的外利用の禁止（情報遮断），送配電部門と発電・小売部門との内部相互補助[※4]の禁止（会計分離），送配電部門の託送業務における特定の電気事業者に対する不当に差別的な取扱いの禁止などです．

また，送配電設備を新電力や卸供給事業者が公平に利用できるように，2004年に学識経験者，電気事業者などで構成する電力系統利用協議会が設立され，電力系統の計画，運用にかかわる基本的なルールの策定，監視にあたることになりました．

(6) 主要国の電気事業体制の変遷

表11・1は主要国の電力自由化の現状です．

発電部門は各国とも自由化されています．小売部門は欧州では自由化されているが，アメリカで自由化されているのは全50州のほぼ半分です．

※4　たとえば，託送業務で生じた利益で発電または小売部門を補助して，発電または小売料金を下げ，ほかの発電または小売事業者との競争で有利に立つなど．

表11・1 主要国の電力自由化

	発電自由化	小売自由化	発送電分離
アメリカ	1992年,独立系発電事業者(IPP)の卸供給参入が認められ,発電自由化	・1990年代から各州の判断で自由化,2000年までに24州で自由化されたが,2000年のカリフォルニア州の電力危機以降,一部の州で自由化を中断,廃止 ・2013年で自由化州は全体のほぼ半分	・2013年で,ほぼ半分の州が発送電分離(機能分離,送電運用業務を独立組織のISOまたはRTOに移管),残りの半分の州は電力会社が発送電一貫運用
イギリス	1990年,発送電一貫体制の国有の中央発電局が,発電3社,送電1社に分割,民営化され,発電自由化	・1990年,国有の12の配電局を12の配電会社に民営化して小売自由化が進められ,1999年までに全面自由化 ・その後,12配電会社は6大電力・ガスグループに集約され,そのうち4社が海外の大手エネルギー会社に買収された	・中央発電局が独占していた送電部門は,送電会社1社に民営化(所有分離)
フランス	2000年,発電部門の許可制導入により自由化	・2000年,小売の部分自由化,2007年から全面自由化	・フランス電力公社(EDF,(※1))について,2000年に送電部門を会計・機能分離,2004年に発電,送電(※2),配電,小売の各社に分離,子会社化
ドイツ	1998年,発電部門が自由化	・1998年,一挙に全面自由化	・1998年,発送電一貫体制の8大電力会社(その後4大会社に集約)の送電部門を会計・機能分離 ・2005年から4大電力会社の送電部門を子会社化,そのうち2社が海外に買収された
日本	1995年,発電市場に独立系発電事業者(IPP)の参入が認められ発電が自由化	・大口需要家を対象に自由化を進め,2000年に販売電力量の3割,2005年に6割強を自由化	・2003年,電力会社の送配電部門を会計分離・情報遮断 ・2004年,送配電系統の計画,運用ルールを策定・監視する中立機関(電力系統利用協議会)を創設

〈※1〉 EDF:発送配電一貫体制の国有電力企業
〈※2〉 送電会社は,EDFから独立して,電力システムを所有,運用し,発電,小売会社に送電サービスを提供

　欧州では多くの国で発送電を別会社に分離しています．アメリカでは半分の州で送電系統運用部門を独立させた機能分離を行っていますが，残りの半分の州では従来どおり発送電一貫体制となっています．日本では発送

配電一貫体制で送配電部門の会計分離を行っています.

図11・2(2)は日本の電気事業体制の現状です.

11・2　電力システム改革計画

(1) 電力システム改革の背景と目的

2011年3月11日の東日本大震災により，①大規模火力，原子力発電所の事故停止による供給力不足，②電力会社間の連系線による全国的な供給力の活用，③緊急時の節電など需要家側への期待，④原子力発電所の長期停止から火力発電所のたき増しによる燃料費の増加，電気料金の値上げ，⑤再生可能エネルギー発電の活用，⑥需要家による購入先電気事業者の選択などの課題が提起され，電力システム改革のニーズが高まりました.

また，小売市場の自由化部門の新規参入者（新電力など）のシェアが2012年度で3.5％程度にとどまっていることもあり，電力システムの改革を進めるために，2013年，電気事業法の改正が行われました.

(2) 改革の目的

今回の改革は次の3点を目的としています.

① 安定供給の確保

広域的な電力融通，再生可能エネルギーなど多様な供給力の活用，無理のない節電システムへの転換

② 電力料金の最大限の抑制

企業間の競争の促進，創意工夫，経営努力

③ 電気利用選択肢と事業機会の拡大

需要家による自由な電力会社の選択，企業のビジネスチャンスの拡大

(3) 改革の柱

(a) 広域的運営推進機関の設立

地域を越えた電気のやりとりを拡大し，災害時などに停電を起こりにくくします．また，全国大での需給調整機能の強化などにより，出力変動のある再生可能エネルギーの導入拡大に対応します.

そのための司令塔として，2015年に「広域的運営推進機関」を創設し，

次のような業務を行います．
① 広域の需給計画の策定
② 連系線，広域送電線の整備計画の策定
③ 需給および系統の広域的な運用
④ 需給ひっ迫緊急時の需給調整など

(b) 小売の全面自由化

2016年を目途に，一般家庭やすべての企業向けの電気の小売販売ビジネスへの新規参入を解禁します．これによって，電気の利用者ならだれでも小売電気事業者を自由に選択できるようにします．

従来の料金規制は段階的に廃止し，電気料金は当事者間の売買契約で自由に設定できるようにします．

そのうえで，セーフティネットとして電気の利用者は小売事業者が撤退した場合でも，いずれかの事業者から電気の供給を受けられるようにする（最終保障サービス）とともに，多額のコストがかかる離島にも適切な料金で供給されるように対策します．

(c) 供給力確保の新しい仕組み

小売全面自由化に伴って，一般電気事業者（10電力会社）の供給義務を撤廃することとしており，電力の供給を途絶させないために，関係する各事業者がそれぞれの責任を果たします．

このため，小売事業者には自らの顧客のために必要な一定の供給予備力をもつことを義務づけます．

また，系統運用者に対しては，需要や供給力の変動に対して，系統全体の需給バランスを維持し，系統周波数を維持することを義務づけます．

さらに，広域的運営推進機関は，全国大の中長期的な需要予測に基づいて，供給予備力の見通しを立て，電源の不足が見通される場合は，将来の必要供給予備力を確保する対策をとります．

また，将来発電することのできる発電能力を取引する市場（容量市場）を創設し，発電事業者はこの市場で形成される市場価格を目安に発電設備への投資を行えるようにします．

(d) 送配電部門の法的分離

表11・2の発送電分離体制のうち，日本では現在，発送配電一貫体制の中で，送配電部門の会計分離が行われていますが，今回の改革では将来送

表11・2 送電分離体制

	発送電一貫体制	送電分離体制		送電会社分離	
		送電会計分離	系統運用機能分離	法的分離（子会社化）	所有分離（資本分離）
分離方法	・発送電一貫体制の電力会社が発送電設備を所有し，一貫して計画，運用する	・送電部門の会計を他部門から分離して，公開し，内部相互補助を禁止する ・託送業務で得た情報をほかの目的に利用することを禁止する情報遮断も合わせて行うことが多い	・送電系統の運用を別組織が行う	・送電部門全体を分離して子会社とする．送電会社が企業グループ内の発電，小売会社を有利に扱わないように，人事異動などを制限する行為規制を行う	・送電部門全体を分離して，親会社に支配されない独立会社とする
形態	発電／送電（所有，運用）／配電／小売	発電／送電（所有，運用，会計分離）／配電／小売	発電／送電（所有）／配電／小売　→　運用者（独立系統運用）	発電／送電子会社（所有，運用）／配電／小売	発電／送電独立会社（所有，運用）／配電／小売
採用例	電力自由化以前の電力会社	現在の日本で採用（送配電会計分離）	アメリカのISOまたはRTO	フランスのITO	イギリスのTSO
メリット	発送電部門を一貫して運営するため，電力システム全体の総合協調，効率性が高まり，停電事故時の迅速な対応が可能となる	同左 送電部門の中立性，公平性が発送電一貫体制より高まる	送電部門の中立性，公平性が会計分離よりも高い	送電部門の中立性，公平性が機能分離より高まる	送電部門の中立性，公平性が最も高い
デメリット	・送電部門の中立性，公平性が発送電分離方式より低い ・発電，小売事業者の公正な競争に支障を生じるおそれがある	・送電部門の中立性，公平性がほかの発送電分離体制より低い	・発電部門と送電部門の連携による停電事故時などの迅速な対応が課題	・発電設備と送電設備の計画，運用面の連携が課題	・発電設備と送電設備の計画，運用面の連携がむずかしくなる ・停電事故時などの迅速な対応ができなくなるおそれがある ・民間企業の場合，所有権の強制的な移転は私有財産権の侵害となる

配電部門の法的分離を目標としています．すなわち2018〜2020年を目途に，電力会社の送配電部門を別の会社（子会社）に分離して，その中立性，独立性を高め，発電事業者，小売事業者が，送配電ネットワークを公平に利用できるようにします．このために，送配電設備の計画，運用ルールを整備します（図11・2(3)）．

送配電事業者は，送配電設備を所有し，広域的運営推進機関の策定する連系線，広域送電線の整備計画に基づいて送電線を建設します．

11・3　電気事業の規制と自由化

(1)　従来の電気事業規制

図11・3は従来の電気事業の規制と自由化への流れをまとめたものです．

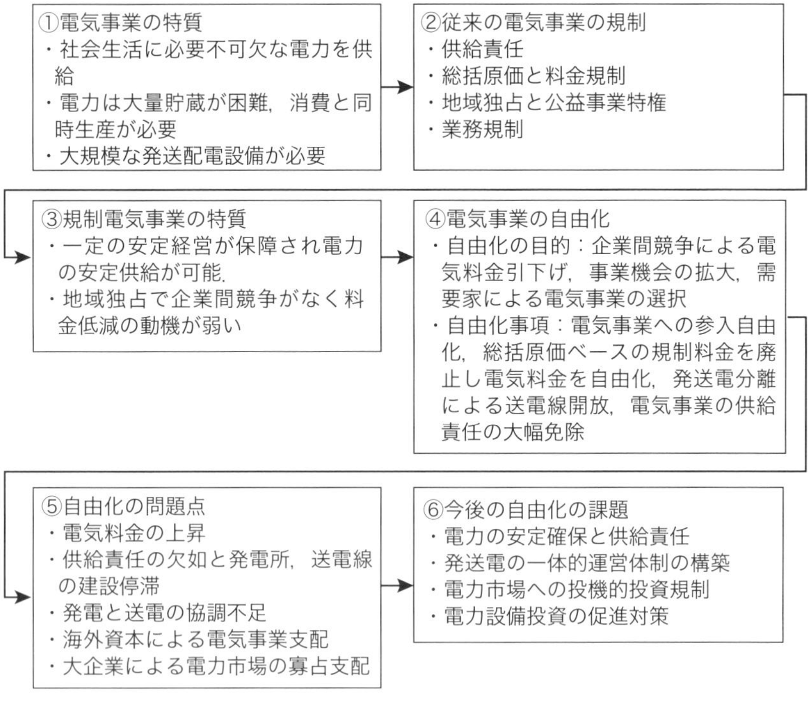

①電気事業の特質
・社会生活に必要不可欠な電力を供給
・電力は大量貯蔵が困難，消費と同時生産が必要
・大規模な発送配電設備が必要

②従来の電気事業の規制
・供給責任
・総括原価と料金規制
・地域独占と公益事業特権
・業務規制

③規制電気事業の特質
・一定の安定経営が保障され電力の安定供給が可能．
・地域独占で企業間競争がなく料金低減の動機が弱い

④電気事業の自由化
・自由化の目的：企業間競争による電気料金引下げ，事業機会の拡大，需要家による電気事業の選択
・自由化事項：電気事業への参入自由化，総括原価ベースの規制料金を廃止し電気料金を自由化，発送電分離による送電線開放，電気事業の供給責任の大幅免除

⑤自由化の問題点
・電気料金の上昇
・供給責任の欠如と発電所，送電線の建設停滞
・発電と送電の協調不足
・海外資本による電気事業支配
・大企業による電力市場の寡占支配

⑥今後の自由化の課題
・電力の安定確保と供給責任
・発送電の一体的運営体制の構築
・電力市場への投機的投資規制
・電力設備投資の促進対策

図11・3　電気事業の規制と自由化の課題

電気事業は，社会生活に必要不可欠な電力を供給する事業で，広い地域にわたる大規模な発送配電設備によって，変化する電力消費と等量の電力を同時に生産する必要があります．

このために従来の電気事業は，政府によって次のように厳しく規制されてきました．

① 供給責任

電気事業者は供給地域のすべての電力需要家に，電力を安定に供給する責任を負わされています．

② 総括原価と料金規制

発送配電設備の建設，管理，運用に必要な費用は，総括原価[※5]として政府の査定を受けて規定電気料金に織り込まれ，需要家から電気料金として回収することができます．これによって電力会社の安定経営と電力の安定供給が保障されます．

③ 地域独占と公益事業特権

電力会社は受け持ち地域の電力需要に独占的に供給することが認められ，電力設備用の土地を優先的に利用できるなどの公益事業特権が認められます．

④ 業務規制

政府によって業務が規制され，国のエネルギー政策への協力が求められます．

このように日本の電力会社は厳しい規制を受ける反面，安定経営と電力の安定供給が保障され，災害による停電事故時などにも迅速に復旧し，世界でもトップクラスの高い供給信頼度を達成してきました（図11・4，図11・5）．しかし他方，地域独占で企業間競争がないために料金低減の動機が弱いなどの指摘もありました．

(2) 電気事業の自由化

(a) 自由化の目的

電力会社の地域独占を廃止し，一般企業も電気事業に参入できるように

※5 事業報酬（主に所要資金の調達費用（利子））も含まれます．

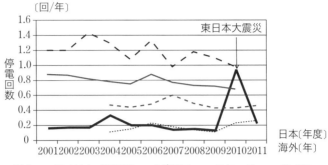

図11・4　需要家1軒あたり年間停電回数

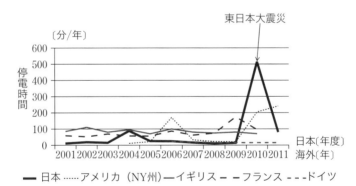

図11・5　需要家1軒あたり年間停電時間

して事業機会を拡大し，電気事業者間の自由競争によって電気料金を下げ，需要家が電気事業者を選択できるようにするものです．

(b) 自由化事項

具体的には，電気事業への参入の自由化，総括原価をベースとした規制料金の廃止による電気料金の自由化，発送電分離による送電線の開放と公平な送電サービスの提供，電気事業者の供給責任の大幅免除などです．

(3) 欧米の電力自由化の問題点

欧米の電気事業の自由化は1990年代から進められてきましたが，その結果次のような点が問題となっています．

(a) 電気料金の上昇

電気料金は図11・6のように，日本では1995年の自由化導入以降低下していますが，自由化の進んでいる欧米諸国では，最近の燃料価格の高騰によって上昇しており，自由化によるはっきりした低下傾向はみられません．

欧米に関する研究例[6]によれば，発送電一貫体制に比べて発送電分離体制による電力自由化は，分離のための費用も必要で，発電，小売部門が効率化されてもほかへの投資や企業の内部留保にあてられ，その成果が電気料金低下に回っていないケースもみられ，自由化による長短の評価はまちまちで，今後さらに多くのケースについて調査が必要とされています．

(b) 供給責任の欠如と発電所，送電線の建設停滞

自由化が進むと，企業間のコスト競争に伴って各企業は予備設備を削減

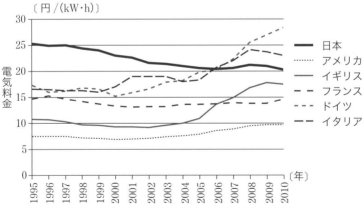

- 2011年の東日本大震災後は，原子力発電所の停止に伴って火力発電の焚き増しにより燃料費が増加し，日本の電気料金は上昇している．
- 家庭用（2010年為替換算）
- 電力中央研究所報告Y11013，2012年

図11・6 電気料金の推移

---

[6] 欧州の電力小売全面自由化と競争の実態（2006年，日本エネルギー経済研究所報告）など

するようになり，将来電力系統全体として必要な余裕のある供給力を確保する責任者が不在となります．また，自由化によって将来の電力の売り先，売値が不確定となり，発電所や送電線などの長期の大規模投資に見合う利益が得られない投資リスクが増加します．このために，発電所や送電線の建設が進まず，供給力，送電容量が不足するおそれがあります．また，離島やへき地など採算のとりにくい設備投資は敬遠されるおそれもあります．

(c) 発電と送電の協調不足

自由化の進展により，一貫した電力系統の計画，運用がむずかしくなり，災害時などの事故復旧には，発電会社，送電会社，関係機関の連携のために，時間がかかることが懸念されています．

2003年には，北米東北部やイタリア[※7]に相次いで大停電事故が起きましたが，その要因として次のような事項があげられています[※8]．

① 組織間の協調

独立して互いに競争する発電事業者，小売事業者が増加したこと，発送電分離により送電線を計画，建設する送電会社と送電線を運用する系統運用者が分離したことなどによって，利害の反する多くの事業者間の協調がむずかしくなりました．

② 電力潮流の予測難

多くの事業者の競争下で電力取引が行われると，電力潮流が広い地域に複雑に流れ，これを予測して電力系統を安定にコントロールすることがむずかしくなります．その結果，広範囲の大停電事故を起こすおそれがあります．

※7 イタリアの大停電：2003年9月，イタリアのほぼ全域にわたり，最大2 770万kWが9時間以上停電し，約5 600万人が影響を受けました．これは，①スイスで樹木が倒れて送電線に接触し，スイス－イタリア間の連系送電線の一部が停止，②そこの電力潮流がほかの連系線に回り込んで過負荷となったために停止，③イタリアとスイスとの連系がすべて切れてイタリア側の周波数が49 Hzに低下したため，フランスなどとの連系が遮断され，④フランスなどから輸入していた電力（イタリアの最大電力需要の約1/4）が不足してイタリアのほぼ全土が停電したもの．

※8 電力自由化と供給信頼度維持（2006年，日本エネルギー経済研究所報告）

(d) 海外資本による電気事業支配

利潤追求優先の国際金融資本などによって電気事業が支配され，電力の価格の安定化，長期的安定供給が脅かされるおそれがあります．

(e) 大企業による電力市場の寡占支配

自由化によって電気事業者の合併が進み，電力市場が少数の大企業に支配されるおそれがあります．

(4) 今後の電力自由化の課題

以上の欧米の問題点に鑑みて，日本の今後の自由化にあたっては，次のような課題に対処する必要があるものと考えられます．

(a) 電力の安定供給と供給責任

日本のように国内エネルギー資源の少ない国では，最小限必要な電力用燃料は，市場原理や産油途上国の不安定な政情に左右されずに，海外から安定に確保できる体制が必要です．

また，各電気事業者は電力の安定供給について，応分の責任を分担し，予備力の確保，常時および緊急時の役割分担の明確化などによって，需要変動や電力設備の事故時などにも，安定供給が可能となるような体制の構築が必要です．

(b) 発送電の一体的運営体制の構築

一般に電力システムでは，送電線の建設費 C〔円〕は送電距離 L に比例して増加しますが，送電容量 P〔kW〕は発電機間の安定度や電圧安定性の面から送電距離に反比例して減少しますから，単位送電容量（1 kW）当たりの送電線建設費（送電単価 C/P）は送電距離の2乗に反比例します．すなわち，1 kW 当たりの送電線建設費は距離が2倍になると4倍になります．

$$送電線の建設費 \quad C \propto L \qquad (\propto は比例記号)$$
$$送電容量 \quad P \propto 1/L$$
$$送電単価 \quad C/P \propto L^2$$

送電費を安くするためには，電源をできるだけ需要の近くに建設することですが，そうすると電源の建設費が高くなる傾向があります．また，各発電事業者が自由につくった発電所に見合う送電線をつくるには，送電設備が膨大となり，日本のような狭い国土では送電線用地の取得がむずかし

くなるおそれがあります．

電力会社の電気事業用固定資産に占める流通設備の比率は，図11・7のように6割以上と高く，広い地域にわたる需要と発電所に配慮しながら，将来にわたって発電所と送電線を総合して最も経済的な電力システムを建設，運営できる体制を構築することが重要です．

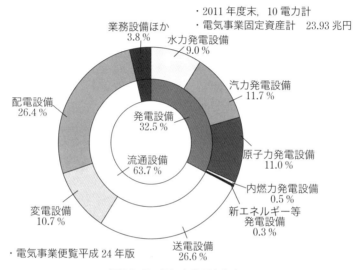

図11・7 電気事業固定資産

(c) 適正な企業競争と地域振興

自由化に伴って電気事業者の合併が進むと，電力市場が自社利益優先の少数の巨大企業に占有されて，市場価格が支配され安易に引き上げられるおそれがあります．

これに対しては，巨大企業の独占を禁止し，電力需要家と地域社会の利益を守る公正な市場競争を推進する制度などが必要となります．

(d) 投機的投資の規制

電気事業を全面的に自由化した場合，カリフォルニアの電力危機のように，電気事業が供給責任意識の低い一部の企業に影響されて，企業の利潤追求のために電力生産を意図的に抑制し，価格をつり上げて需要家が損失を被るおそれがあります．特に日本のようにエネルギーのほとんどを海外

に依存する国では，投機的な資本に支配されて電力の安定供給が脅かされるおそれがあります．

エネルギー自給率の低いフランスでは，発電，送配電，小売の各部門はフランス電力会社EDFの子会社とし，EDFが発電設備の9割を所有し，販売電力量の95％を供給しています．

電力価格の高騰を招き安定供給を脅かすような投機的投資は厳しく規制する必要があります．

(e) 電力設備投資の促進対策

電力自由化の経験から，需給バランスのとれた発電所や送電線の建設は市場メカニズムだけでは進まないという見方が広まってきています．市場メカニズムは，ある商品の需要量が供給量を上回れば，商品が不足して価格が引き上げられるために生産が拡大し，需要量が供給量を下回れば，商品が余って価格が下がるために生産が減少するというように，市場価格を通して需要と供給が自然にバランスするメカニズムです．しかし電力の場合は，供給力が不足したり送電線が不足したりしても，発電所や送電線をつくるのに10年単位の時間がかかり，常に供給力や送電線が不足しないようにするためには，長期的，計画的に発電所や送電線に余裕をもつように建設していく必要があります．

また，電力自由化を進めると，大形電源や大電力送電線のように長期的なリスクを伴う設備投資や，離島，へき地など採算のとりにくい設備投資は回避されるおそれがあります．その結果，短期的な収支見通しを優先した設備投資に限定され，環境問題や国のエネルギー安定確保など長期的視点で取り組まなければならない大規模電力設備投資が進まず，将来の安定供給に不安を残すおそれがあります．

自由化で増加する大規模電力設備投資のリスクを緩和して設備投資を促進するためには，政府による債務保障[※9]，発電電力の固定価格買取制度[※10]

※9　電気事業が金融機関から電力設備建設資金を借りる際に，政府が保証するもので，アメリカの原子力発電所建設で実施されています．

※10　発電事業者の発電電力を固定価格で一定期間買い取る制度で，再生可能エネルギー発電で実施中．自由化には逆行します．

などの対策が必要となります．

　このように，電力の自由化は，規制による発送電一貫体制に比べて優れた面がありますが，反面，いろいろなリスクも内蔵していますから，最終的な需要家への電力の安定供給と価格低下に向けて，適正な規制の下で，電気事業者はもちろん，政府も含めて関係者が充分協調していく必要があるものと考えられます．

あとがき

　電力システムは，約130年の歴史を持っており，発電機ユニット容量や送電電圧は1万倍以上に増加し，発電，送電，変電，配電設備は目覚ましい技術革新を遂げました．

　この間に，同期発電機による交流発電電力を送配電線を通して需要家に供給する電力システムの基本的構成は変わっておらず，系統安定度，電圧・周波数変動など電力系統特性も基本的には変わっていないようです．しかし，この電力系統特性はなかなか理解しにくく，単なる専門用語や数式上だけでなく，本質的なイメージを噛み砕いて理解することが大切だと思います．

　今後電力システムには，太陽光発電や風力発電など再生可能エネルギー発電の大幅な拡大が見込まれていますが，これらは自然現象に左右される小規模分散型の変動電源で，従来の水力，火力，原子力発電のような人間が自由に制御できる大規模集中型の定出力電源とは全く性格の異なる電源です．これらを電力システムに導入拡大していくためには，電力需給バランス，電圧・周波数変動などいろいろな問題が想定され，電力系統の基本的特性にもとづいた技術的対策を開発導入していく必要があります．

　また，日本では10電力会社による発送電一貫体制を基本として，1995年から卸発電の自由化，電力小売の段階的自由化を導入し，世界のトップクラスの高信頼度供給を達成し，電気料金も数度の値下げにより着実に低減してきました．さらに，2011年の東日本大震災を契機に，一層の自由化を目指して電力システム改革を進めることとしております．電力自由化は，電気事業への企業の参入を自由化して，企業間の競争によって電気料金の低減，需要家による電気事業者の選択，事業機会の拡大を目指すものですが，反面，先行する欧米では自由化に伴いいろいろな問題が提起されています．これを解決するためには，電気事業関係者の協調と適正な規制を進めていく必要があります．その際にも，電力系統の持つ特性を十分理解して進めることが大事です．

このように，これからの電力システムは技術的にも経営的にも多くの改革が求められるでしょうが，その際本書が少しでも関係者のお役に立てれば幸いです．

　最後になりましたが，本書を上梓できましたことは，思い出すと次々に目に浮かぶ諸先輩と同僚の皆様の長年にわたる暖かいご指導，ご支援の賜物であり，心から厚く感謝申し上げます．また出版にあたり，いろいろとご配慮を頂いた電気書院の皆様に厚く御礼を申し上げます．

2015年2月

著者

参考文献

各章共通
- 関根泰次「電力系統工学」電気書院，1966年
- 新田目倖造「電力系統技術計算の基礎」電気書院，1980年
- 新田目倖造「電力系統技術計算の応用」電気書院，1981年
- 電気学会「電力工学ハンドブック」2001年
- 電気事業講座「電力系統」エネルギーフォーラム，2007年
- 経済産業省「エネルギー白書2010，2011」2010年，2011年
- 総合資源エネルギー調査会総合部会　電力システム改革専門委員会　地域間連系線等の強化に関するマスタープラン研究会：中間報告，2012年
- 新田目倖造「基礎からわかるエネルギー入門」電気書院，2013年
- 日本電気協会「あなたの知りたいこと　2013」2013年
- 電気事業連合会統計委員会「電気事業便覧 平成24年版」2012年
- 電気事業連合会統計委員会「電気事業データベース」
- 電気事業連合会統計委員会「電気事業60年の統計」
- IEA（International Energy Agency，国際エネルギー機関）「エネルギー統計」
- 海外電力調査会「海外電気事業統計2013年版」
- 海外電力調査会ホームページ
- 電気事業法

第3章
- 総合エネルギー調査会新エネルギー部会　電力系統影響評価検討小委員会中間報告，2000年
- 電気学会技術報告「電力系統における常時および緊急時の負荷周波数制御」第869号，2002年
- 資源エネルギー庁「風力発電の系統連系について」2004年
- 電力系統の構成及び運用に関する研究会「電力系統の構成及び運用について」2007年

第4章
- 電気学会技術報告「電力系統の電圧・無効電力制御」第743号，1999年
- 電気協同研究会「電力系統安定運用技術」第47巻第1号，1991年

第5章
- ENTSO－E（European Network of Transmission System Operators of Electricity）ホームページ
- NERC（North American Electric Reliability Corporation）ホームページ
- 電力系統利用協議会「各地域間系統連系設備の運用要領算定結果」2013年
- 町田武彦「直流送電」東京電気大学出版局，1977年

第6章
- 電気設備に関する技術基準を定める省令
- 資源エネルギー庁「電力調査統計」
- （財）日本エネルギー経済研究所計量分析ユニット「EDMC/エネルギー・経済統計要覧 2012年版」省エネルギーセンター

第7章
- 日本電力調査委員会「日本電力調査報告書における電力需要想定および電力需給計画算定方式の解説」2007年
- 気象庁ホームページ
- IEA（International Energy Agency，国際エネルギー機関）「World Energy Outlook 2011」
- 欧州風力エネルギー協会「風力発電の系統連系」2012年
- 資源エネルギー庁 低炭素電力供給システムに関する研究会報告書，2009年
- 資源エネルギー庁 次世代送配電ネットワーク研究会報告書，2010年
- 総合資源エネルギー調査会基本政策分科会 電力需給検証小委員会報告書，2013年

第8章
- ECOFYS（オランダ）ホームページ

第9章

- 電力系統利用協議会「電力系統利用協議会ルール」2004年制定，2013年第27回改正
- 電気学会大学講座「送電工学　送電編Ⅱ」1958年
- 電気学会大学講座「送配電工学　送電編Ⅰ」1953年
- 日立電線（株）「電線便覧」1974年
- 長島洋雄「架空送電の話」ホームページ
- エネルギー・環境会議コスト等検証委員会報告書，2011年
- 福田節雄「電力系統工学」オーム社，現代電気工学講座，1966年

第10章

- 電気事業講座「海外の電気事業」エネルギーフォーラム，2007年
- 山口聡「電力自由化の成果と課題」国会図書館，調査と情報，2007年
- 和田洋一「電力自由化と信頼度維持」日本エネルギー研究所，2006年
- 八田達夫「電力システム改革をどうすすめるか」日本経済新聞出版社，2012年
- 欧州連合統計局（eurostat）ホームページ

第11章

- 資源エネルギー庁・電気事業分科会「今後の望ましい電気事業の骨格について」2013年
- 日本エネルギー経済研究所報告「欧州の電力小売全面自由化と競争の実態」2006年
- 日本エネルギー経済研究所報告「電力自由化と供給信頼度維持」2006年
- 電力中央研究所報告「電気料金の国際比較と変動要因の解明」2012年
- 日本電気協会新聞部「知っておきたい電気事業の基礎」2012年
- 井上雅晴「電力改革論と真の国益」エネルギーフォーラム，2012年
- 永野芳宣「日本を滅ぼすとんでもない電力自由化」エネルギーフォーラム，2014年

さくいん

数　字

2極機 ……………………………… 26, 43
4極機 ……………………………… 27, 43

アルファベット

CO_2排出量原単位 ………………… 158

DSS ……………………………… 125

ELD ……………………………… 61

FFC ……………………………… 62

H3 ……………………………… 121

IPP ……………………………… 208
ISO ……………………………… 194, 195
ITO ……………………………… 195, 200

L5 ……………………………… 123
LFC ……………………………… 61

PPS ……………………………… 209
P－Vカーブ ……………………… 76

RTO ……………………………… 194, 195

TBC ……………………………… 62
TSO ……………………………… 195, 200

ア　行

アメリカ，カナダの系統連系 ……… 93
アメリカの電力自由化 …………… 193
安定限界送電容量 ………………… 33
安定度 …………………………… 37
安定度モデル …………………… 32, 46

イギリスの電力自由化 …………… 198
イタリアの大停電 ………………… 218
いっ水電力量 …………………… 124
異常時の系統運用 ………………… 165
一般電気事業者 ………………… 116

運転予備力 ……………………… 125

エネルギー導入率 ………………… 132
エンロン社の経営破綻 …………… 196

オープンアクセス義務 …………… 209
卸供給事業者 …………………… 117
卸電気事業者 …………………… 117

カ　行

カリフォルニア電力危機 ………… 191, 196
ガバナの特性 …………………… 53
ガバナフリー運転 ………………… 54
可能発電電力量 ………………… 124
可能発電力 ……………………… 123
火力の供給力 …………………… 124
会計分離 ………………………… 191, 209, 213
回転子 …………………………… 26, 40
回転磁極 ………………………… 30, 41
界磁コイル ……………………… 26, 41
界磁電流 ………………………… 41
角速度 …………………………… 6, 28

機械角 …………………………… 44
機能分離 ………………………… 191, 194, 213
供給責任 ………………………… 215

供給電力量	120	市場メカニズム	221
供給能力	120, 123, 124, 125	事業用発電	116
供給予備率	122	磁束	37
供給予備力	122	磁束鎖交数	38
供給力	120	自家用発電	116
業務規制	215	自流式水力	123
緊急時の周波数制御	64	実効値	7
		需要電力量	117
ケルビンの法則	164	周期	6
系統安定度	37	周波数	6
系統容量	51	周波数バイアス連系線電力制御	62
系統連系の得失	88	周波数制御分担	60
経済負荷配分制御	61	周波数調整力	143
原子力の供給力	125	周波数偏差	51
		出水率	124
コンデンサの電流	12	所内率	126
固定価格買取制度	221	所有分離	199, 213
固定子	26, 40	常時の周波数制御	58
交流	6	情報遮断	209
交流連系	90	信頼度基準の評価方法	163
公益事業特権	215		
公設卸売市場	199	垂直統合体制	190
広域的運営推進機関	211	水力の供給力	123
合計最大電力	146		
合成最大電力	146	線間電圧	19
小売の全面自由化	212		
小売自由化	210	相差角	31
		相電圧	19
サ　行		総括原価	215
		総需要電力量	117
サイクル	6	送電系統運用者	195, 200
最渇水日	123	送電線の公称電圧	169
最終保障サービス	212	送電線の送電容量	169
最大3日平均電力	121	送電線の電圧特性	72
最大電力	146	送電電圧の推移	174
最大電力の推移	146	送電分離	213
最大電力供給計画	121	送配電線の公称電圧と呼称	110
三角関数	22	送配電線延長の推移	178
三相交流送電	17	速度調定率	53

タ 行

多極機······································ 27, 43
太陽光発電の発電電力量················ 132
太陽光発電の発電能力···················· 126
第V出水時点································ 123
託送··· 209
託送義務······································· 209
託送供給約款································ 171
脱調······································· 31, 36
単位法··· 20
短期供給計画································ 120

地域送電機関·························· 194, 195
地域要求量···································· 63
調整池の調整能力·························· 123
長期供給計画································ 120
直流··· 5
直流送電の基礎······························ 96
直流連系······································· 91

デイリー・スタート・ストップ······ 125
定周波数制御································· 62
電圧··· 4
電圧の種別···································· 109
電圧安定化対策······························ 77
電圧安定限界································· 74
電圧安定性···································· 74
電圧許容限界································· 70
電圧降下率···································· 73
電圧制御の目標······························ 70
電機子コイル·························· 27, 39, 41
電機子電流···································· 29
電気の供給体制······························ 112
電気角·· 44
電気供給約款································ 171
電気事業······································· 116
電気事業の国家管理························ 207
電気事業の自由化··························· 215

電気事業の特質······························ 111
電気事業用固定資産························ 220
電磁石·· 38
電磁誘導の法則······························ 38
電線の経済的断面積························ 164
電線の電流容量······················· 164, 170
電流··· 4
電力··· 9
電力システム改革··························· 211
電力システムの構成······················· 108
電力システムの特徴······················· 110
電力供給系の最適構成···················· 180
電力供給計画································ 120
電力系統の運用······························ 164
電力系統の計画······························ 162
電力系統の周波数特性····················· 52
電力系統の信頼度基準···················· 163
電力系統利用協議会······················· 209
電力系統利用協議会ルール·············· 162
電力自由化····························· 190, 208
電力相差角曲線······························ 31
電力輸送量と電圧降下····················· 74
電力流通設備の定義······················· 109
電力量供給計画······························ 122

ドイツの電力自由化······················· 202
同期安定度···································· 37
同期運転································ 31, 35
同期化力······································· 31
同期外れ······································· 36
同期機·· 43
同期速度······································· 44
同期発電機···································· 26
特定規模電気事業者················ 117, 209
特定電気事業者······························ 117
独立系統運用者······················· 194, 195
独立系発電事業者··························· 208
独立送電運用者······················· 195, 200

ナ行

内部誘起電圧・・・・・・・・・・・・・・・・・・・・・・・・27

日間起動停止・・・・・・・・・・・・・・・・・・・・・・・125
日本の系統連系・・・・・・・・・・・・・・・・・・・・・92

ノーズカーブ・・・・・・・・・・・・・・・・・・・・・・・76

ハ行

発送電一貫体制・・・・・・・・・・・190, 207, 213
発送電分離・・・・・・・・・・・・・・・・・・・・・・・210
発電機の周波数特性・・・・・・・・・・・・・・・53
発電機ユニット容量の推移・・・・・・・・155
発電効率・・・・・・・・・・・・・・・・・・・・・・・・158
発電自由化・・・・・・・・・・・・・・・・・・・・・・210
発電設備の推移・・・・・・・・・・・・・・・・・・149
発電設備利用率・・・・・・・・・・・・・・・・・・156
発電電力量の推移・・・・・・・・・・・・・・・・152
発電能力・・・・・・・・・・・・・・・・・・・・123, 124

ピーク供給力・・・・・・・・・・・・・・・・・・・・148
日負荷曲線・・・・・・・・・・・・・・・・・・・・・・147
皮相電力・・・・・・・・・・・・・・・・・・・・・・・・・16
標準周波数・・・・・・・・・・・・・・・・・・・・・・・50

フランスの電力自由化・・・・・・・・・・・・200
プール制・・・・・・・・・・・・・・・・・・・・・・・・199
負荷の自己制御特性・・・・・・・・・・・・・・・52
負荷の周波数特性・・・・・・・・・・・・・・・・・52
負荷周波数制御・・・・・・・・・・・・・・・・・・・61
負荷率・・・・・・・・・・・・・・・・・・・・・・・・・・156
風力発電の発電電力量・・・・・・・・・・・・141
風力発電の発電能力・・・・・・・・・・・・・・135

ベース供給力・・・・・・・・・・・・・・・・・・・・147
平常時の系統運用・・・・・・・・・・・・・・・・165

平水年・・・・・・・・・・・・・・・・・・・・・・・・・・124
変電所出力の推移・・・・・・・・・・・・・・・・175

放射状連系・・・・・・・・・・・・・・・・・・・・・・・91
法的分離・・・・・・・・・・・・・・・・・・・・200, 213
北米東北部大停電・・・・・・・・・・・191, 197

マ行

ミドル供給力・・・・・・・・・・・・・・・・・・・・148
右ねじの法則・・・・・・・・・・・・・・・・・・・・・38

無効電力・・・・・・・・・・・・・・・・・・・・・・・・・12
無効電力の符号・・・・・・・・・・・・・・・・・・・13
無効電力バランス・・・・・・・・・・・・・・・・・78
無効分電流・・・・・・・・・・・・・・・・・・・12, 13
無効分電力・・・・・・・・・・・・・・・・・・・・・・・15

ヤ行

有効電力・・・・・・・・・・・・・・・・・・・・・・・・・・9
有効分電流・・・・・・・・・・・・・・・・・・・・・・・・9
有効分電力・・・・・・・・・・・・・・・・・・・・・・・15

ヨーロッパの連系系統・・・・・・・・・・・・・94
余剰電力・・・・・・・・・・・・・・125, 133, 142
容量市場・・・・・・・・・・・・・・・・・・・・・・・・212
容量導入率・・・・・・・・・・・・・・・・・・・・・・132

ラ行

リアクタンス・・・・・・・・・・・・・・・・・・10, 12
リアクトルの電流・・・・・・・・・・・・・・・・・10
流況曲線・・・・・・・・・・・・・・・・・・・・・・・・123
料金規制・・・・・・・・・・・・・・・・・・・・・・・・215
力率・・・・・・・・・・・・・・・・・・・・・・・・・・・・・16
力率角・・・・・・・・・・・・・・・・・・・・・・・・・・・16

ループ状連系・・・・・・・・・・・・・・・・・・・・・91

―――― 著 者 略 歴 ――――

新田目　倖造（ARATAME Kozo）

1936 年　秋田県生まれ
1959 年　東京大学工学部電気工学科卒業
同年　　東北電力㈱入社
1989 年　取締役技術開発部長
1991 年　取締役技術部長
1993 年　常務取締役
1999 年　北日本電線㈱社長
2005 年　会長
2008 年　相談役
2011 年　相談役退任，現在に至る

Ⓒ ARATAME Kozo　2015

電力システム　－基礎と改革－

2015 年 3 月 2 日　第 1 版第 1 刷発行

著　者　新田目　倖造
発行者　田中　久米四郎

発　行　所
株式会社　電　気　書　院
www.denkishoin.co.jp
振替口座　00190-5-18837
〒 101-0051
東京都千代田区神田神保町 1-3 ミヤタビル 2F
電話　（03）5259-9160
FAX　（03）5259-9162

ISBN978-4-485-66544-2　　印刷　中央精版印刷㈱
Printed in Japan

- 万一，落丁・乱丁の際は，送料弊社負担にてお取り替えいたします．直接，弊社まで着払いにてお送りください．

JCOPY 〈(社)出版者著作権管理機構　委託出版物〉

本書の無断複写（電子化含む）は著作権法上での例外を除き禁じられています．複写される場合は，そのつど事前に，(社)出版者著作権管理機構（電話：03-3513-6969，FAX：03-3513-6979，e-mail: info@jcopy.or.jp）の許諾を得てください．
また本書を代行業者等の第三者に依頼してスキャンやデジタル化することは，たとえ個人や家庭内での利用であっても一切認められません．

電力系統技術計算の基礎

コード：66411　　　著者：新田目倖造
定　価：本体 6,500 円＋税　A5 判・436 ページ

系統技術計算の基礎事項を，電気工学の初歩から平易，克明に解説したもので，数式の誘導課程を省略せずに記載し，図面を多く使用し数式の物理的意味が正確に把握できるよう工夫してあります．

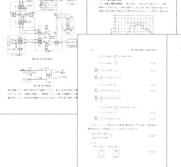

◎主な目次
1　電力系統の特質と系統技術
2　交流のベクトル表示
3　電力系統の単位法表示
4　送電線の電圧・潮流特性
5　変圧器の電圧・潮流特性
6　潮流計算
7　電力系統の電圧・無効電力特性
8　対称成分
9　送電線の正相．逆相リアクタンス
10　送電線の零相インピーダンス
11　送電線の静電容量

電力系統技術計算の応用

コード：66412　　　著者：新田目倖造
定　価：本体 6,500 円＋税　A5 判・464 ページ

『電力系統技術計算の基礎』の続編．前著で学んだ基礎知識を使用し，地絡事故時の電圧や各種安定度の計算など，実際に行われている電力系統技術計算の進め方について詳細に解説しています．

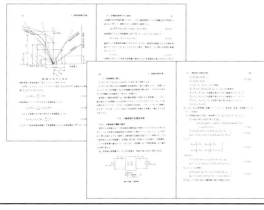

◎主な目次
1　最近の電力系統の技術的問題
2　同期発電機の原理
3　同期発電機の特性
4　三相短絡電流とリアクタンス
5　故障計算
6　中接点接地方式と故障現象
7　定態安定度計算
8　過渡安定度と周波数変動計算
9　電圧変動と不平衡計算

基礎からわかる エネルギー入門

A5判・242ページ／定価 2,200円＋税／新田目倖造 著／ISBN978-4-485-66540-4

エネルギーの基礎から最近の現実問題まで解説

- ●東日本大震災以降の日本におけるエネルギーの実情
- ●新興国を含めた海外事情

エネルギー資源は，どれも安全で，豊富で，安いという完全なものはありません．また生産に伴って，価格面，環境面その他の面で私どもの生活は多くの影響を受け，社会のエネルギー供給が不足すると日常生活に直ちに大きな支障を来します．したがってエネルギー問題はみんなでよく理解し協力して解決していく必要があります．

目次

第1章　エネルギーの基礎（1・1 エネルギーと仕事／1・2 エネルギーの形態／1・3 エネルギーの変換／1・4 エネルギーの分類／1・5 エネルギーの単位／1・6 地球のエネルギーバランス／付録）

第2章　エネルギーの現状（2・1 一次エネルギー消費／2・2 エネルギー・バランス／2・3 最終エネルギー消費／2・4 電力エネルギー）

第3章　太陽エネルギー（3・1 太陽エネルギーの利用方法／3・2 日射量／3・3 太陽光発電の特性／3・4 太陽光発電の系統連系／3・5 太陽光発電の現状と導入見通し／付録）

第4章　風力エネルギー（4・1 風力エネルギーの利用／4・2 風の吹き方／4・3 風力発電の特性／4・4 風力発電設備の現状と導入見通し／付録）

第5章　バイオエネルギー（5・1 バイオエネルギーの利用／5・2 バイオエネルギーの現状／5・3 バイオエネルギーの導入見通し）

第6章　水力エネルギー（6・1 水力発電のしくみ／6・2 包蔵水力（開発可能な水力発電）／6・3 世界の水力発電／付録）

第7章　地熱エネルギー（7・1 地熱エネルギーのしくみ／7・2 世界の地熱発電）

第8章　石　油（8・1 石油の埋蔵量／8・2 世界の石油の生産と消費／8・3 石油事業と価格変動／8・4 石油の安定確保）

第9章　天然ガス（9・1 天然ガスの埋蔵量／9・2 天然ガスの生産と消費）

第10章　石　炭（10・1 石炭の埋蔵量／10・2 石炭の生産と消費／10・3 石炭の分類と利用）

第11章　原子力（11・1 原子力発電のしくみ／11・2 原子力発電の現状と計画／11・3 核燃料サイクル／11・4 原子力発電所の安全管理／付録）

第12章　電源特性の比較（12・1 電源の個別特性の比較／12・2 主要電源の総合比較／付録）

第13章　エネルギーの将来（13・1 世界のエネルギーの見通し／13・2 日本の従来のエネルギー基本計画／13・3 今後のエネルギーに関する課題）